本书获浙江建设职业技术学院教师专著出版基金资助

虚拟现实技术及应用研究

——在建筑行业中的应用

XUNI XIANSHI JISHU

JI YINGYONG YANJIU

——ZAI JIANZHU HANGYEZHONG DE YINGYONG

赵筱斌◎著

中国水利水电出版社
www.waterpub.com.cn

内 容 提 要

　　本书对虚拟现实技术及应用进行了研究。主要内容包括虚拟现实技术的基本概念、特征、分类及研究现状等,虚拟现实系统的硬件设备,虚拟现实系统的关键技术,Web3D、全景与 Cult3D 等技术,VRML 虚拟现实建模语言,虚拟现实技术在建筑行业中应用及前景分析等。本书汇集一系列的虚拟现实相关技术,同时紧密联系当前虚拟现实领域已取得的最新成果,并提供了大量的应用实例,具有较高的学术水平,可以作为研究人员的参考手册。

图书在版编目(CIP)数据

虚拟现实技术及应用研究:在建筑行业中的应用/
赵筱斌著. --北京:中国水利水电出版社,2014.6(2022.9重印)
　ISBN 978-7-5170-1985-5

　Ⅰ.①虚…　Ⅱ.①赵…　Ⅲ.①数字技术－应用－建筑学－研究　Ⅳ.①TU17

中国版本图书馆 CIP 数据核字(2014)第 096103 号

策划编辑:杨庆川　责任编辑:杨元泓　封面设计:马静静

书　　名	虚拟现实技术及应用研究:在建筑行业中的应用
作　　者	赵筱斌　著
出版发行	中国水利水电出版社
	(北京市海淀区玉渊潭南路 1 号 D 座 100038)
	网址:www. waterpub. com. cn
	E-mail:mchannel@263. net(万水)
	sales@mwr.gov.cn
	电话:(010)68545888(营销中心)、82562819(万水)
经　　售	北京科水图书销售有限公司
	电话:(010)63202643、68545874
	全国各地新华书店和相关出版物销售网点
排　　版	北京鑫海胜蓝数码科技有限公司
印　　刷	天津光之彩印刷有限公司
规　　格	170mm×240mm　16 开本　12.5 印张　151 千字
版　　次	2014年6月第1版　2022年9月第2次印刷
印　　数	3001-4001册
定　　价	38.00 元

前　言

　　虚拟现实技术是在计算机图形学、多媒体技术、计算机仿真技术、通信技术等众多信息技术基础上发展起来的一门跨学科、多层次、多功能的高新技术。它能提供给用户隐藏在数据背后的信息,能对客观世界进行可视化的表达和模拟,带给人们身临其境的真实感受,为人机交互和仿真系统的发展开辟了新的科学研究领域,为智能工程的应用提供了新的界面工具。可以预见,在不久的将来,虚拟现实技术必将带来新的技术革命。

　　随着计算机硬件技术的飞速发展,虚拟现实技术取得了长足进步,其应用出现了全新的局面。它突破了在传统的军事和空间开发等方面的应用,逐步渗透到科学计算机可视化、建筑设计漫游、产品设计,以及教育、培训、工业、医疗和娱乐等领域,受到更多人的关注。基于此,作者立足于理论,并配以具体的应用案例,力图反映虚拟现实技术的最新发展。虚拟现实技术是一项值得关注的重要技术,今后将会对我们的工作、学习、生活带来更加巨大的冲击。

　　利用虚拟现实技术开发应用系统的关键在于确立开发目标、选择系统软硬件环境、建立虚拟场景、设计与实现场景交互功能等。本书共计6章,以其在建筑行业中的应用为例,对虚拟现实技术进行了研究。第1章介绍了虚拟现实技术的基本概念、特征、分类及研究现状等。第2章阐述了虚拟现实系统的硬件设备,包括输入设备、输出设备、生成设备等。第3章是对虚拟现实系统的关键技术探析。第4章重点讨论了Web3D、全景与Cult3D等技术。第5章研究的是VRML虚拟现实建模语言。第

6 章结合具体案例探讨了虚拟现实技术在建设行业中的应用,并就其发展前景进行了分析。作者在高校长期从事虚拟现实的教育工作和虚拟现实相关的项目开发,书中内容包括作者所发表论文及相关硕士论文的研究内容,也收录了作者正在进行的浙江省教育厅科研项目《浙江省美丽乡村三维虚拟仿真公共服务平台设计与开发》中所取得的研究成果。面向不同领域不同对象的虚拟现实系统的开发在方式、方法上有一定的相似性、重复性和可借鉴性。希望读者能够从本书中有所收获。

本书的写作集合了作者及虚拟现实技术界其他学者的研究成果及大量实践经验,同时还得到了单位领导的大力支持,在这里表示诚挚的谢意。虚拟现实技术正处于不断发展之中,涉及的领域和技术非常广泛,加之作者水平有限,书中难免存在疏漏或错误之处,还请各专家、学者予以指正。

作者

2014 年 3 月

目　　录

第1章 绪 论

虚拟现实(Virtual Reality,VR)技术是 20 世纪末逐渐兴起的一门综合性信息技术,是未来计算机领域最重要的技术之一。它在房地产、军事、医学、设计、艺术、娱乐、考古等诸多领域逐渐得到广泛的应用,为社会带来巨大的经济效益。

1.1 虚拟现实技术概述

1.1.1 虚拟现实技术的基本概念

虚拟现实是美国 VPL Research 公司创始人之一拉尼尔 Jaron Lanier 于 20 世纪 80 年代提出来的,目前在学术界被广泛应用。

关于虚拟现实技术的定义并无统一标准,这里从狭义的和广义的两种角度进行阐述。

狭义的虚拟现实就是一种先进的人机交互方式。这种情况下,虚拟现实技术被称为"基于自然的人机接口"。用户通过视觉、听觉、触觉、嗅觉和味觉等看到的景象是彩色的、立体的,听到虚拟环境中的声音,感觉到虚拟环境反馈的作用力,由此产生一种身临其境的感觉。

广义的虚拟现实是对虚拟想象或真实世界的模拟实现。它不仅仅是一种人机交互接口，更重要的是对虚拟世界内部的模拟。通过把客观世界的局部用电子的方式模拟出来，并以自然的方式接受或响应模拟环境的各种感官刺激，再与虚拟世界中的人及物体产生交流，使用户产生身临其境的感觉。

虚拟现实产生的世界是由计算机生成的、存在于计算机内部的、人工构成的、三维的虚拟世界。这种虚拟世界可以是真实世界的再现，也可以是完全虚拟的假想世界。它所显示的界面是能够显示三维世界，并能进行交流的智能人机界面。

综上所述，虚拟现实技术的定义是：虚拟现实技术是采用以计算机技术为核心的现代高科技，生成逼真的三维视觉、听觉、触觉或嗅觉等一体化的虚拟环境，用户借助必要的设备（如传感头盔、数据手套等）以自然的方式与虚拟世界中的物体进行交互，从而产生亲临真实环境的感受和体验。所谓自然的交互是指用户在日常生活中对物体进行操作（如手的移动、头的转动等）并得到实时立体反馈。

1.1.2　虚拟现实技术的研究基础

虚拟现实技术是多门学科交叉的技术，涉及的研究内容众多。目前对虚拟现实系统的研究包括传感设备的研究、方法的研究、系统开发及应用的研究，等等。

虚拟现实技术的研究以多学科技术作为基础，例如（单从计算机方面看）：研究包括视觉造型在内的计算机图形学技术能够帮助建立一个虚拟环境的视觉模型；研究建模与仿真技术能够帮助建立虚拟环境的各种特征模型，如运动学模型；研究实时系统技术能够帮助实现计算机与人及其他 VR 实体实时交互；研究高级 VR 工具和 I/O 接口技术能够帮助实现让人沉浸式地与计算机交互并把其他 VR 实体连接到计算机。另外，一个 VR 系统通常是一个多计算机互连而成的系统,这涉及计算机网络技术;采用面向对象的方法编程,涉及面向对象的程序设计技术;VR 系统通常是一个智能系统,这就涉及人工智能技术;VR 系统通常包含一些数据库来存储虚拟环境中各种实体的属性和相互关系,这就涉及数据库技术,等等。

但是很少有人能够既掌握专业的技术知识,又能够熟悉各种各样的虚拟现实具体应用领域的知识。为此,研究人员设计推出了许多虚拟现实系统开发工具来解决这些矛盾。

1.1.3 虚拟现实技术的发展概况

虚拟现实是随着科学和技术的进步、军事和经济的发展而逐渐兴起的,是一门由多学科支撑的新技术。它能够很好地面对市场全球化的要求,帮助人们解决资源、环境与需要多样性等各种问题。

1965 年,计算机图形学的奠基者、美国科学家苏泽兰(Sutherland)在他发表的《终极的显示》论文中首次提出了全新的、极富挑战性的交互图形显示及力回馈设备的基本概念,这对于虚拟现实发展极有意义。从此,人们便开始了对虚拟现实的有目的性的研究和探索的历程。

1966 年,美国麻省理工学院的林肯实验室正式开始了头盔式显示器的研制工作,实现了虚拟现实技术在硬件技术上的探索和发展。此后,人们不断地完善和改进虚拟现实的实现设备。时至今日,形形色色的数据手套、头盔式显示器等已经在许多场合有了具体的应用。

人们的不断探索,加之相关技术的飞速发展,使得虚拟现实领域里的研究取得了很大的进展。1980 年,"Virtual Reality"一词被正式提出,并使用至今。当时,此项技术的研究目的是提供一种比传统计算机模拟更好的方法。

20 世纪 80 年代,许多部门和组织都在从事虚拟现实的研究。1984 年,美国宇航局 Ames 研究中心虚拟行星探测实验室组织开发的用于火星探测的虚拟环境视觉显示器取得了成功。它将火星探测器发回的数据输入计算机,利用该数据,地面研究人员构造了火星表面的三维虚拟环境。随后,该研究中心在虚拟交互环境工作站的项目中又开发了通用多传感个人仿真器和遥控设备。这表示着,虚拟现实技术已经进入了科学研究领域。随着一系列有关虚拟现实技术的研究取得了令人振奋的研究成果,人们对虚拟现实研究投入更大的热情,虚拟现实技术引起了广泛关注。

20 世纪 90 年代,计算机技术、网络技术、图形学技术等的不断发展,对虚拟现实起了极大的促进作用,使得虚拟现实技术也获得了长足的进步。基于虚拟现实技术、人工智能技术的人机交互系统的设计不断涌现,输入/输出设备不断创新,这些都使得以往难以实现的设想成为现实。例如,利用虚拟现实系统,宇航员成功地完成了从航天飞机的运输舱内取出新的望远镜面板的工作;采用虚拟现实技术设计的波音 777 也获得成功等。可见,近年来虚拟现实技术在科技界取得了巨大成就。

虚拟现实技术正在不断地向许多领域拓展。它不仅仅是某些尖端领域、特殊行业的专业技术,除上述的军事、航天领域外,虚拟现实技术在医疗、教育培训、娱乐、工业设计、生产制造、信息管理、商业贸易、建筑行业等都有相应的发展。虚拟现实技术在理论研究和应用实践方面不断趋于完善,发展也更加迅速。

1.2　虚拟现实技术的特征

1993 年,美国科学家 G. Burdea 和 P. Coiffet 曾在世界电子年会上发表《Virtual Reality Systems and Applications》(虚拟现

实系统及其应用),其中提出一个关于 VR 的三角形,如图 1-1 所示。它简明地表示了 VR 具有的三个最突出特征:沉浸感(Immersion)、交互性(Interactivity)和想象力(Imagination)。这正是人们所熟知的 3I 特性,代表了系统与人的充分交互。

图 1-1　虚拟现实技术的 3I 特征

1.2.1　虚拟现实技术的沉浸感

沉浸感又称临场感,是指用户借助交互设备和自身感知觉系统,感到自身存在于虚拟环境中的真实程度。用户由一般模拟系统中的观察者变为虚拟现实环境的参与者,全身心投入其中,并感觉如同在现实世界中一般。沉浸感是虚拟现实区别于其他应用技术的一个显著特征。

之所以会产生"沉浸感",是由于用户对虚拟环境中的物体产生了类似于对现实物体的存在意识或幻觉。它需要具备两个方面的特性。

第一,多感知性(Multi-Sensory)。它是指除了普通的视觉感知、听觉感知外,还包括力觉感知、触觉感知、运动感知,甚至味觉感知和嗅觉感知等。理想的虚拟现实系统应该具有一切人所具有的感知功能。例如,虚拟场景应能随着人的视点作全方位的运动,纹理、灯光、照明、声音以及视频等效果逼真,用户在操纵虚拟物体时能感受到虚拟物体的反作用力等。目前虚拟现实系统中应用较广泛的为视觉、听觉和触觉沉浸。

第二,自主性(Automony)。它是指虚拟环境中的物体依据物理学定律运动的程度。虚拟对象在独立活动、相互作用或与用户的交互作用中,其动态都要有一定的表现,且应服从于自然规律或者设计者想象的规律。例如,当受到力的推动时,物体会产生移动、翻倒或下落等。

此外,三维图像中的深度信息、画面的视野、实现跟踪的时间或空间响应、交互设备的约束程度等也是影响沉浸感的关键因素。

1.2.2 虚拟现实技术的交互性

交互性,是指用户对虚拟环境中对象的可操作程度和从虚拟环境中得到反馈的自然程度(包括实时性)。交互性是虚拟现实技术的一个高级特征。

虚拟现实系统强调人与虚拟世界的交互以近乎自然的方式进行,除了借助于各种专用设备,用户以自然方式如手势、体势、语言等也能如同在真实世界中一样操作虚拟环境中的对象,同时计算机能够根据用户的语言及身体运动等对系统所呈现的图像、声音等进行调整。例如,当用户在虚拟环境中漫游时,所戴的头盔显示器会将立体图像送到用户的视场中,并随着用户头部的运动,不断将更新后的新视点场景实时地显示给参观者。用户可以用手(或虚拟手)去抓取虚拟环境中的物体,不但会有握着东西的感觉,还能感觉到物体的重量,而被抓取的物体也将随着手的移动和旋转等产生相应的改变。用户还可以直接控制对象的各种参数,如运动的方向和速度等,而系统也可以向用户反馈信息。

1.2.3 虚拟现实技术的构想性

构想性又称创造性,是指用户在虚拟世界中根据所获取的多种信息和自身在系统中的行为,通过逻辑判断、推理和联想等思维过程,随着系统的运行状态变化而对其未来进展进行想象的能力。它能帮助人类获取更多的知识,认识复杂系统深层次的机理和规律。

如今,人类在许多领域都面临着许多亟待解决和突破的问题,例如载人航天、医疗手术的模拟与训练、大型产品的设计研究、气象及自然灾害预报以及多兵种军事联合演练等。按传统方法解决这些问题会需要大量的时间、人力和物力,另外还会承担人员伤亡的风险。虚拟现实的产生和发展为这些问题的解决提供了新方法和新途径。虚拟现实使人类可以从定性与定量综合集成的虚拟环境中得到感性和理性的认识,深化概念、产生新意和构想,进而主动地寻求和探索信息。因此,对适当的应用对象加上虚拟现实的创意和想象力,可以大幅度提高生产效率、减轻劳动强度、提高产品开发质量。

综上所述,虚拟现实系统所具有的特征使得用户能在虚拟环境中做到沉浸其中、超越其上、进出自如和交互自由。它强调了人在虚拟现实系统中的主导作用,即人的感受在整个系统中是最重要的。

1.3　虚拟现实系统的分类

普通意义上的虚拟现实所需要的各种昂贵设备,是一般的教育单位很难承受的,这严重制约着教育领域对虚拟现实的研究和应用,但随着科学技术的飞速发展,虚拟现实技术出现了多样化的发展趋势。

根据用户参与虚拟现实的不同形式以及沉浸程度的不同,通常把虚拟现实技术划分为四类:桌面式虚拟现实系统(Desktop

VR)、沉浸式虚拟现实系统(Immersive VR)、增强现实式虚拟现实(或混合现实)(Augmented Reality,AR)系统、分布式虚拟现实系统(Distributed VR)。其中桌面虚拟现实技术较简单、投入成本相对较低,在教育领域内可应用的范围很广,推广价值高。

1.3.1　桌面式虚拟现实系统

桌面虚拟现实系统(图 1-2)主要是在个人计算机或低级别的工作站上进行图形图像仿真,以计算机的屏幕作为用户观察虚拟环境的平台,运用虚拟现实的输入设备实现与虚拟世界场景之间的交互。

图 1-2　桌面式虚拟现实系统

DVR 包括包括鼠标、追踪球、力矩球等硬件设备,用来实现3D 图形的显示、观察、交互、定位等功能;其软件平台包括虚拟现实环境开发平台、建模平台、行业应用程序实例。

桌面式虚拟现实系统的特点:用户戴着立体眼镜,能够利用位置跟踪器、数据手套或三维空间鼠标等设备操作虚拟场景中的各种对象,在 360°范围内观察虚拟环境。但 DVR 最大的缺陷是不能提供真实的现实体验,因为即使戴着立体眼镜,屏幕的可视范围也只有 20°～30°之间,DVR 平台的使用依然会受到周围现实环境的干扰,用户无法完全在虚拟世界中沉浸。

常见的 DVR 技术有:基于静态图像的虚拟现实 Quick Time VR、虚拟现实造型语言 VRML、桌面三维虚拟现实、MUD 等。虚拟现实教学平台的出现是教育领域中 DVR 应用最为典型的例子。其中中国科学技术大学人工智能与计算机应用研究室在 2001 年研制出的虚拟现实教学软件——"几何光学实验设计平台"可供学生完成单透镜实验和组合透镜实验。

虚拟现实系统开发商通过开发 DVR 系统来满足对低价位虚拟现实系统的要求。DVR 系统已经具备了虚拟现实技术的要求,并因投入成本相对较低而应用较为广泛。DVR 系统是初级的或刚步入虚拟现实研究工作的必经阶段。

1.3.2　沉浸式虚拟现实系统

沉浸式虚拟现实系统(图 1-3)以大幅面甚至超大幅面的虚拟现实立体投影为显示方式,将虚拟三维世界高度逼真地浮现于参与者面前,提供给参与者完全沉浸的体验,使用户有一种置身于虚拟境界之中的感觉。这是一种高级的、较理想、复杂的、投入型虚拟现实系统。

图 1-3　沉浸式虚拟现实系统

沉浸式虚拟现实系统的特点:用户的视觉、听觉被头盔显示器封闭起来,产生虚拟视觉,手感通道被数据手套封闭起来,产生虚拟触动感。用户下达的各种操作命令被计算机获取并反馈到生成的视景中,系统达到尽可能的实时性,用户似身临其境、沉浸于其中。

常见的沉浸式虚拟现实系统有:基于头盔式显示器的系统、投影式虚拟现实系统、洞穴式虚拟现实系统。虚拟现实电影院(VR theater)就是一个完全沉浸式的投影式虚拟现实系统,它用几米高的六个平面组成的立方体屏幕环绕在观众周围,设置在立方体外围的六个投影设备共同投射在立方体的透射式平面上,让观众能同时观看由五个或六个平面组成的图像,使其完全沉浸在图像组成的空间中。

由于沉浸式虚拟现实系统设备尤其是硬件价格相对较高,因此,难以大规模普及推广。它是目前国际上普遍采用的虚拟现实和视景仿真的显示手段的方式。

1.3.3 增强现实式虚拟现实系统

增强现实系统(图 1-4)是借助于计算机图形技术、可视化技术等将真实环境和虚拟现实景象进行融合的一种技术,具有虚实结合、实时交互、三维注册等特点。一方面可减少生成复杂实验环境的开销,另一方面还方便对虚拟试验环境中的物体进行操作,真正达到了亦真亦幻的境界。

增强现实式虚拟现实系统利用虚拟现实技术来模拟现实世界、仿真现实世界,增强参与者对真实环境的感受。它是今后技术发展的方向之一。

增强现实式虚拟现实系统的特点:真实世界与虚拟世界在三维空间上加以整合,实时人机交互;适用于所有感知通道,有虚拟图像、虚拟声音等对象。

图 1-4 增强现实式虚拟现实系统

常见的增强现实式虚拟现实系统有:基于台式图形显示器的系统、基于单眼显示器的系统、基于光学透视头盔显示器的系统、基于视频透视头盔显示器的系统。

增强现实式虚拟现实系统架起了虚拟环境与真实世界之间沟通的桥梁,具有巨大的应用潜力。近年来随着移动设备计算能力的增强、人们对网络环境的更多关注,这方面的研究明显增加。

1.3.4 分布式虚拟现实系统

分布式虚拟现实系统是一个基于网络的可供异地多用户同时参与的分布式虚拟环境。这种环境中,多个地理上相互独立的用户(通常称为主机 host)实时地通过计算机网络相连接,共享一个虚拟现实环境,一起体验虚拟经历,使虚拟用户达到一个更高的境界。

分布式虚拟现实系统包括图形显示器、通信和控制设备、处理系统和数据网络等基本组成部分。

分布式虚拟现实系统的特点:共享虚拟工作空间、具有伪实体的行为真实感、支持实时交互、资源环境共享且允许用户自然操作环境中的对象。但互联网的带宽还不能满足分布虚拟现实网络带宽的需要,导致虚拟的逼真度下降,另外,相互间交互的分布式主机配置不同,虚拟交互不同步。

分布式虚拟现实系统的典型实例是军事训练中 SimNet 系统的应用。这是一种训练软件,由坦克仿真器通过网络连接,用于部队的联合训练。通过 SimNet 使远程的学习者可以在虚拟的战场上发展集体作战的技能。现在流行的电脑游戏《反恐精英》的游戏元素很多都借鉴了早期 SimNet 的研究结果。

分布式虚拟现实系统在远程教育、科学计算可视化、工程技术、电子商务等众多领域有着广泛的应用前景。

1.4　虚拟现实技术的研究现状

经过几十年的发展,虚拟现实已逐步从萌芽状态成长为今天日趋成熟的综合信息技术,并在各个领域取得了越来越多的研究成果。

1.4.1　虚拟现实技术的国外研究现状

美国是虚拟现实的发源地,其虚拟现实的研究水平基本上代表着国际水平。美国宇航局(NASA)的 Ames 实验室、北卡罗来纳大学(UNC)的计算机系、麻省理工学院(MIT)、SRI 研究中心和华盛顿大学华盛顿技术中心的人机界面技术实验室(HIT Lab)等都是知名的虚拟现实研究机构。在军事领域,虚拟现实在武器系统的性能评价和设计、操作训练和大规模军事演习及战役指挥方面发挥了重大最用,并产生了巨大的经济效益。一些洲际范围的分布式虚拟环境也已经初步建成,并将有人操作和半自主兵力引入虚拟的战役空间,在世界上处于领先地位。此外,在航天领域,美国宇航局已经建立了航空、卫星维护 VR 训练系统,空间站 VR 训练系统,以及全国可用的 VR 教育系统,等等。

英国在虚拟现实的分布并行处理、辅助设备(包括触觉反馈)设计和应用研究方面处于较为领先的地位。英国的 Windustries (工业集团公司)是国际 VR 界的著名开发机构,在工业设计和可视化等重要领域占有一席之地;British Aerospace(英国航空公司)成功设计出了虚拟高级战斗机座舱。此外,Dimension International 公司是桌面 VR 的先驱,开发了一系列商业 VR 软件包;Division LTD 公司则在开发 VISION、Pro Vision 和 Supervision 系统/模块化高速图形引擎中,率先使用了 Transputer 和 i860 等技术。

日本的虚拟现实技术的发展在世界相关领域的研究中也占有极为重要的地位,主要致力于建立大规模 VR 知识库和人机接口方面的研究项目,在 VR 游戏方面的研究也处于领先地位。尤其是 Sega Enterprises 和 Niniendo 公司的产品在市场上占据着领导地位。此外,京都的先进电子通信研究所(ATR)系统研究实验室开发了一套手势和面部表情识别系统;富士通实验有限公司正在研究虚拟生物与虚拟现实环境的相互作用,并已开发出一套神经网络姿势的识别系统;日本奈良尖端技术研究生院的研究小组于 2004 年制造出一种嗅觉模拟器,它使用户可以闻出虚拟空间中水果释放的香味,成为虚拟现实在嗅觉研究领域的一项突破。

另外,国外还研制出多个用于开发应用程序的 VR 软件并发平台,例如美国 Sense8 公司的 World Tool Kit(WTK),爱荷华州立大学虚拟现实应用中心的 VR Juggler,Deneb Robotics 公司的 ENVISION;英国 Superscape 公司的 VRT,Division 公司的 dVISE 等。这些开发平台应用的目的不同,对 VR 应用系统研发效率的提高起到了一定程度的促进作用。

1.4.2 虚拟现实技术的国内研究现状

国外学者对分布式虚拟现实的深入研究,是国内学者值得借鉴的。我国研究虚拟现实技术是从 20 世纪 80 年代起,与发达国家存在着一定差距。

虽然起步较晚,但近年来随着计算机图形学、计算机系统工程技术等技术的高速发展,政府有关部门对虚拟现实非常重视,并制定了开展虚拟现实的研究计划,将其列入国家重点研究项目。国内的一些科学家和重点院校也已积极投入到了这一领域的研究工作中。

北京航空航天大学是国内最早进行虚拟现实研究、最有权威的单位之一。2000 年 8 月成立的虚拟现实新技术教育部重点实验室,从事多个领域的研究与技术开发工作,包括虚拟现实、可视化技术、计算机网络、图像信息处理、分布式系统和人工智能等,在虚拟现实关键技术的研究领域具有自身特色、优势,不但承担了一批国家重点项目,同时还与多家单位进行横向项目合作。

清华大学对虚拟现实及其临场感等方面进行了大量研究,其中不乏独具特色的技术和方案,比如球面屏幕显示和图像随动、克服立体图闪烁的措施及深度感实验测试等。清华大学国家光盘工程研究中心所作的"布达拉宫"采用 Quick Time 技术,实现大全景 VR 系统。

北京科技大学的虚拟现实实验室在近 20 年来一直从事虚拟现实研究。该实验室成功开发的纯交互式汽车模拟驾驶培训系统具有非常逼真的三维图形,几乎与真实的驾驶环境相同,投入使用后起到了良好的效果。

浙江大学的 CAD&CG 国家重点实验室在基于图像的虚拟现实、分布式虚拟环境的建立、真实感三维重建、基于几何和图像的混合式图形实时绘制算法等领域都开展了深入研究。他们开发出了一套桌面型虚拟建筑环境实时漫游系统,还研制出了虚拟环境中一种新的快速漫游算法和一种递进网格的快速生成算法,在国内外产生了广泛影响。

哈尔滨工业大学通过不断研究探索,成功地虚拟出人在高级行为中特定脸部图像的合成、表情的合成以及唇动的合成等。

西安交通大学信息工程研究所对虚拟现实中的关键技术——立体显示技术进行了研究,提出一种基于 JPEG 标准压缩编码新方案,获得了较高的压缩比、信噪比以及解压缩速度。

另外,武汉理工大学智能制造与控制研究所、中国科技开发院威海分院、北方工业大学 CAD 研究中心、上海交通大学图像处理模式识别研究所等也进行了虚拟现实的研究尝试。

不但如此,一些非科研单位也对虚拟现实表现出极大的兴趣。例如,中央电视台已经开始使用虚拟演播室,不仅制作成本低,而且创作人员可以自由发挥想象力,不受现实条件的束缚,极大地增强了节目的感染力。

近几年来,我国还涌现出许多致力于 VR 应用的公司。诸如水晶石数字科技有限公司、中视典数字科技有限公司、上海赛林科技有限公司以及数虎图像科技等。

相信在不久的将来,我国将会在虚拟现实研究领域中做出更大的贡献。

1.4.3 虚拟现实技术存在的问题及研究的方向

1. 虚拟现实技术目前存在的问题

虽然说,国内外在虚拟现实技术的研究上都取得了令人鼓舞的成就,但客观地说,绝大部分还只是限于扩展了计算机的接口能力,仅仅是刚刚开始涉及人的感知系统和肌肉系统与计算机的结合作用问题,并未涉及很多深层次的内容。作为一门年轻的科学技术,虚拟现实技术还处于初级发展阶段,仍存在着许多理论问题与技术障碍需要解决、克服。

虚拟现实技术借助于现在已经成熟的科技成取得了成功,同样也由于相关技术的水平状况不能满足虚拟现实需要,使得它在沉浸性、交互性等方面都需进一步改进与完善。虚拟现实技术在现实中的应用局限性主要表现在以下几个方面。

(1)硬件设备方面

①相关设备使用不方便、效果不佳。如计算机的处理速度跟不上、数据存储性能也不足,基于嗅觉、味觉的设备还没有成熟及商品化。

②硬件设备品种有待进一步扩展。要改进现有设备,加快新设备的研制工作,开发能满足不同领域应用要求的特殊硬件设备。

③相关设备价格比较昂贵,且具有很大局限性。如建设 CAVE 系统的投资达百万以上,一个头盔式显示器一般达数万元等。

(2)软件方面

软件方面普遍存在语言专业性较强、通用性较差、易用性差的问题。此外,软件的开发费用巨大,而且软件所能实现的效果受到时间和空间的影响较大。算法与相关理论方面还不够成熟,如在新型传感和感知机理,几何与物理建模新方法,基于嗅觉、味觉的相关理论与技术,高性能计算特别是高速图形图像处理,以及人工智能、心理学、社会学等方面都存在许多有待解决的、富有挑战性的问题。

(3)实现效果方面

对创建的虚拟环境的可信性,要求符合人的理解和经验,包括有物理真实感、时间真实感、行为真实感等。虚拟现实实现效果方面具有可信度较差的问题。具体表现为:其一,在表示方面,侧重几何图形表示,缺乏逼真的物理、行为模型;其二,在感知方面,有关视觉方面研究多,对听觉、触觉(力觉)关注较少,真实性与实时性不足;其三,与虚拟世界的自然交互性不够,且交互效果不令人满意。

(4)应用方面

应用方面现阶段更多的较侧重于军事领域、各高校科研方面,而在建筑领域、工业领域应用还远远不够,也就是说虚拟现实技术需要向民用方向发展,并在不同行业发挥巨大作用。

2.虚拟现实技术今后研究的方向

以现有研究成果为基础,参考国际上近年来关于虚拟研究前沿的学术会议和专题讨论,可以预见,虚拟现实技术今后研究的方向侧重于以下几个方面。

(1)感知研究领域

①在视觉方面的研究已较为成熟,需要进一步改善图像质量;

②在听觉方面需要加强听觉模型的建立,提高虚拟立体声的效果,并积极开展非听觉研究;

③在触觉方面,需要开发各种用于人类触觉系统的基础研究和虚拟现实触觉设备的计算机控制的机械装置。

(2)人机交互接口

①进一步开展独立于应用系统的交互技术和方法的研究;

②建立软件技术交换机构以支持代码共享、重用和软件投资;

③鼓励开发通用型软件维护工具。

(3)软件支持环境

①积极开发满足虚拟现实技术建模要求的新一代工具软件及算法;

②虚拟现实语言模型的研究;

③支持在虚拟现实内建模的软件工具的开发;

④复杂场景的快速绘制及分布式虚拟现实技术的研制。

（4）廉价的虚拟现实硬件系统

昂贵的虚拟现实技术硬件系统成为制约着虚拟现实应用的一个重要因素。需要进行实用跟踪技术研究；反馈技术研究；嗅觉技术研究，等等，这些都将有助于开发出相关的硬件设备，从而进一步降低硬件成本。

（5）智能虚拟环境

智能虚拟环境是虚拟环境和人工智能/人工生命两种技术的结合。它涉及计算机图形、虚拟环境、人工智能/人工生命、仿真、机器人等多个不同学科。该项技术的研究将有助于开发新一代具有行为真实感的实用的虚拟环境，支持分布式虚拟环境中的交互协同工作。

第 2 章　虚拟现实系统的硬件设备

虚拟现实系统的首要目标是建立一个虚拟的世界,在虚拟现实系统中人与虚拟世界之间自然的全方位交互需要借助于一定的设备。虚拟现实系统的硬件设备能够把各种信息输入计算机,再向用户提供相应的反馈。作为用户能以人类自然技能与虚拟环境交互的必要工具,这些硬件设备有的已经作为产品投入市场供人们选用,而有的还在进一步的研究当中。

2.1　虚拟现实系统的输入设备

虚拟现实系统的输入设备主要包括两大类:一类是基于自然的交互设备,用于对虚拟世界信息输入;另一类是三维定位跟踪设备,用于对输入设备在三维空间中的位置进行判断,并将其状态输入到虚拟现实系统中。

2.1.1　基于自然的交互设备

人与虚拟世界之间的自然交互可以是多样的,如有基于声音的、有基于姿势的,可以利用传感手套、数据衣、三维控制器、三维扫描仪等设备实现。

1.传感手套

传感手套的主要作用是获取人的手势,在虚拟现实仿真中实现基于手势的交互。最早的数据手套(Data Glove)是由美国VPL公司在1987年推出的,因此常把传感手套叫做数据手套。现在数据手套已经成为一种被广泛使用的输入传感设备,把它穿戴于手上可以在虚拟世界中进行物体抓取、移动、装配、操纵、控制等动作,并把手指和手掌伸屈时的各种姿势转换成数字信号传送给计算机,计算机可以通过应用程序识别出手在虚拟世界中操作时的姿势,从而执行相应操作。

现在已经有多种传感手套产品,比较著名的有国外Immersion公司的Cyber Glove(赛伯手套)、Exos公司的Dextrous Hand Master(灵巧手手套)、Mattel公司的Power Glove等,国内有5DT公司的Glove 16型数据手套,它们的主要区别在于采用的传感器不同。图2-1、2-2所示为Cyber Glove和Glove 16/W数据手套。

图 2-1　Cyber Glove

数据手套的技术相对较为成熟,因其具有体积小、重量轻、操作简单等特点被广泛应用,是虚拟现实系统最常见的交互式工具。不过由于数据手套本身不能提供与空间位置相关的信息,因此在实际应用中必须与位置跟踪设备连用,从而检测手在三维空间中的实际方位。

图 2-2　5DT 数据手套

2.运动捕捉系统

运动捕捉的原理就是把人的真实动作完全附加到一个三维模型或者角色动画上。通常,在运动捕捉系统中只需要捕捉表演者身上若干个关键点的运动轨迹,再根据造型中各部分的物理、生理约束就可以合成最终的运动画面。从技术的角度来说,运动捕捉的实质就是测量、跟踪、记录物体在三维空间中的运动轨迹。

如图 2-3 所示,表演者穿着特制表演服(数据衣),在肩膀、肘弯、手腕这三个关键部位各绑上一个闪光的小球,表演者所作的几个动作的运动轨迹都能被捕捉到。

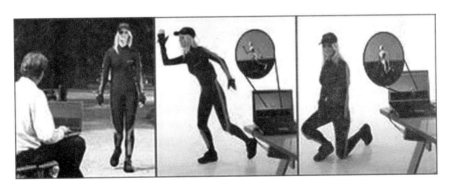

图 2-3　数据衣运动捕捉系统

从应用角度来看,表演系统主要有表情捕捉和身体运动捕捉两类；从实时性来看，可分为实时捕捉系统和非实时捕捉系统两种。

计算机技术的高速发展，动画制作技术的不断提高，使得动画制作的运动捕捉技术也取得了很大的进步，从原理上可以分为机械式、声学式、电磁式和光学式等。目前该项技术已经发展到了实用化阶段，它具有比表演动画更为广泛的应用范围，并成功地应用于虚拟现实、游戏、人体工程学、模拟训练、生物力学研究等许多方面。

人类的表情和动作能够表达出情绪、愿望，运动捕捉技术完成了将表情和动作数字化的工作，提供了新的人机交互手段。与传统的键盘、鼠标相比，它更为直接、方便，不仅可以实现"三维鼠标"和"手势识别"，而且使操作者以自然的动作和表情直接控制计算机成为可能。对于虚拟现实系统而言，这些工作是不可缺少的，这也正是运动捕捉技术的研究内容。

3.三维控制器

(1)三维鼠标

普通鼠标只能感受在平面的运动。三维鼠标(图 2-4)则可以完成在虚拟空间中 6 个自由度(Degree Of Freedom, DOF)的操作，包括 3 个平移参数与 3 个旋转参数，从而让用户感受到在三维空间中的运动。它是虚拟现实应用中一种重要的交互设备。

图 2-4　三维鼠标

三维鼠标是基于超声波原理设计的,在鼠标内部装有超声波或电磁发射器,利用配套的接收设备可检测到鼠标在空间中的位置与方向。与其他设备相比,其成本低,在建筑设计等领域应用较多。

（2）力矩球

力矩球通常被安装在固定平台上,其中心是固定的,并装有六个发光二极管,还有一个活动的外层,也装有六个相应的光接收器,可以通过手的扭转、挤压、来回摇摆等进行相应操作。

当使用者用手对球中心施加的压力时,能够被安装在球中心的几个张力器测量到,随后数据被转化为三个平移运动和三个旋转运动值输入计算机;当对球的外层施加力,根据弹簧形变的法则,同样地,六个光传感器能够测出三个力和三个力矩,并将信息发送给计算机,从而计算出虚拟空间中某物体的位置和方面等。

力矩球具有简单、耐用,可以操纵物体等优势。

4.三维扫捕仪

三维扫描仪,又称为三维数字化仪或三维模型数字化仪,是当前使用的对实际物体进行三维建模的重要工具,如图 2-5 所示。三维扫描仪能快速、方便地将真实世界立体彩色的物体信息转换为数字信号,便于计算机直接进行处理,是实现实物数字化的重要手段。

图 2-5　三维扫描仪

与传统的平面扫描仪、摄像机、图形采集卡相比,三维扫描仪有其自身特点,主要表现在以下几个方面:

①扫描对象是立体的实物。

②通过扫描可以获得物体表面每个采样点的三维空间坐标,彩色扫描还可以同时获得每个采样点的色彩,某些扫描设备甚至可以获得物体内部的结构数据。

③三维扫描仪输出的是包含物体表面每个采样点的三维空间坐标和色彩的数字模型文件,可以直接用于 CAD 三维动画,彩色扫描仪还可以输出物体表面的色彩纹理贴图。

2.1.2 三维定位跟踪设备

虚拟现实技术是在三维空间中与人交互的技术,使用各类高精度、高可靠性的跟踪定位设备能及时、准确地获取人的动作信息,检测有关对象的位置和朝向,并将信息传递给 VR 系统。三维定位跟踪设备是虚拟现实系统中关键的传感设备之一,主要依赖于跟踪定位技术,是实时处理的关键技术。

跟踪定位技术通常要跟踪 6 个不同的运动方向来表征跟踪对象在三维空间中的位置和朝向。这 6 种不同的运动方向包括沿 x,y,z 坐标轴的平移和沿 x,y,z 轴的旋转。由于这几个运动都是相互正交的,因此共有 6 个独立变量。

高性能的跟踪和传感技术是 VR 系统实时处理的关键技术和根本保障。常用的跟踪定位技术主要有电磁波、超声波、光学、机械、惯性和图像提取等几种。了解各种跟踪定位器的性能特点,一方面可以在各类 VR 应用系统的设计中做出适当的选择,另一方面还可以有效地避免不同环境状况可能对跟踪监测系统造成的干扰和损害。现对几种常用的跟踪器进行阐述分析。

1. 电磁波跟踪器

电磁波跟踪器是一种常见的空间跟踪定位器,应用较多且相对较为成熟。它一般由一个控制部件,几个发射器和几个与之相配套的接收器组成。

电磁波跟踪器的原理是利用磁场的强度来进行位置和方位跟踪。根据所发射磁场的不同,电磁波跟踪器可分为交流电磁跟踪器和直流电磁跟踪器。其中交流电磁跟踪器应用的较多,图2-6表明了交流电磁跟踪器的工作原理。

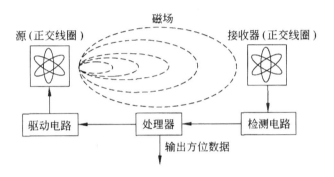

图 2-6　交流电磁跟踪器工作原理

信号发生器一般由 3 个磁场方向相互垂直的正交线圈组成,交流电磁跟踪器使用一个信号发生器产生低频电磁场,接收器也由 3 个正交线圈组成,当有磁场在线圈中变化时,相应会产生一个感应电流,通过获得的电流和磁场场强的 9 个数据来计算被跟踪物体的位置和方向。图 2-7 为一款 Polhemus 的跟踪器。

电磁波跟踪器最突出的优点是:敏感性不依赖于跟踪方位,基本不受视线阻挡的限制,除了导电体或导磁体外没有什么能挡住电磁波跟踪器的定位;体积小,不影响用户自由运动;价格便宜;精度适中;采用率高;工作范围大等,因此对于手部的跟踪大都采用此类跟踪器。缺点是:其延迟较长,跟踪范围小,且容易受环境中大的金属物体或其他磁场的影响,从而导致信号发生畸变,跟踪精度降低。

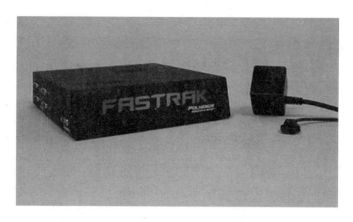

图 2-7　Polhemus 的 Frstrak 跟踪定位器

2.超声波跟踪器

超声波跟踪器是一种最为常用的声学跟踪技术,在所有跟踪技术中成本最低。超声波跟踪器的工作原理是发射器发出高频超声波脉冲(频率大于 20kHz),由接收器计算收到信号的时间差、相位差或声压差等,即可确定跟踪对象的距离和方位。

在虚拟现实应用系统中,通常采用飞行时间(Time Of Flight,TOF)测量法和相位相干(Phase Coherent,PC)测量法这两种声音测量原理来实现物体的跟踪。

①TOF 系统。同时使用多个发射器和接收器,通过测量超声波从发出到反射回来的飞行时间计算出准确的位置和方向。这种方法的特点为:具有较好的精确度和响应性;但容易受到外界噪音脉冲的干扰,同时随着监测范围的扩大数据传输率还会降低。该系统比较适用于小范围内的操作环境。

②PC 系统。通过比较基准信号和发射出去后发射回来的信号之间的相位差来确定距离。这种方法的特点为:由于相位可以被连续测量,而具有较高的数据传输率;多次的滤波还可以保证系统监测的精度、响应性以及耐久性等;不易受外界噪声的干扰。

3.光学跟踪器

光学跟踪也是一种较为常见的跟踪技术。通常利用摄像机等设备获取图像,通过立体视觉计算,或由传递时间测量,或由光的干涉测量,并通过观测多个参照点来确定目标位置。

此类跟踪器可以使用从普通摄像机到光敏二极管等的多种感光设备,光源也是多种多样的,不过为避免可见光干扰用户的观察视线,目前多采用红外线、激光等作为光源。

光学跟踪器使用的主要是标志系统、模式识别系统和激光测距系统 3 种系统中的技术。

(1)标志系统

这是当前使用最多的光学跟踪技术,又称为信号灯系统或固定传感器系统。它分为"由外向内"和"自内向外"两种方式。

①"由外向内"方式。通常是利用固定的传感器,如多台照相机或摄像机),对移动的发射器(如放置在被监测物体表面的红外线发光二极管)的位置进行追踪,并通过观察多个目标来计算它的方位。一般,传感手套和数据衣的跟踪系统采用这种方式。

②"自内向外"方式。与前者恰恰相反,发射器是固定的,而传感器是可移动的,能够得出自身的运动情况。它在跟踪多价目标时具有比前者更优秀的性能。

(2)模式识别系统

它是对标识系统的一个改进,是把发光器件(如发光二极管 LED)按某一阵列(即样本模式)排列,并将其固定在被跟踪对象上,由摄像机记录运动模式的变化,通过与已知的样本模式进行比较从而确定物体的位置。

(3)激光测距系统

它是将激光通过衍射光栅发射到被测对象,然后接收经物体表面反射的二维衍射图的传感器记录。由于衍射圈带有一定畸变,根据这一畸变与距离的关系即可测量出距离。

与前面提到的两种跟踪器相比,光学跟踪器的不足在于受视线阻挡的限制且工作范围较小。当然它也有自身的优势,即具有非常好的数据处理速度、响应性,它比较适用于头部活动范围相当受限而要求具有较高刷新率和精确率的实时应用。

4.其他类型跟踪器

(1)机械跟踪器

机械跟踪器通常把参考点和跟踪对象直接通过连杆装置相连,采用钢体框架,一方面可以支撑观察设备,另一方面可以测量跟踪对象的位置和方位。

机械跟踪器的特点:对于转动角和直线运动距离的测量迅速且准确,响应时间短,不受声、光、电磁场等干扰,且能够与力反馈装置组合在一起;但比较笨重,难以做到流畅运动,活动范围十分有限,对用户有一定的机械束缚,存在系统死角,几个用户同时工作会相互影响。

(2)惯性跟踪器

惯性跟踪器也是采用机械方法,为近几年虚拟现实技术的一个研究方向。其原理是利用小型陀螺仪测量跟踪对象在其倾角、俯角和转角方面的数据。惯性系统的纯粹使用目前还没有实现,将其与另外的应用技术结合使用具有很好前景。

惯性跟踪器的特点:没有范围限制,设备轻便,跟踪时没有视线障碍和环境噪声问题,低的延迟时间,方向数据十分稳定;但位置数据会产生漂移。

(3)图像提取跟踪器

图像提取跟踪器是一种最易于使用但又最难开发的跟踪器,它应用一种称为剪影分析的技术,一般是由一组摄像机拍摄人及其动作,然后通过图像处理技术的运算和分析来确定人的位置及动作。

图像提取跟踪器的特点:作为一种高级的采样识别技术,其计算密度高,又不会受附近的磁场或金属物质的影响,而且对用户没有运动约束,因而在使用上具有极大的方便;此类跟踪器对跟踪对象的距离和监测环境的灯光照明系统要求较高,并且若摄像机数量较少可能使跟踪对象在摄像机视野中被屏蔽,而摄像机数量较多则又会增加采样识别算法的复杂度和系统冗余度。

5.各类跟踪传感设备的性能比较

跟踪定位器的性能指标主要包括精度、分辨率、响应时间、抗干扰性等。

①精度。指检测目标实际位置与测量位置之间的差值,即误差范围。假设某跟踪定位器定点精度为 1cm,则表示它检测所得的位置存在±1cm 的误差。

②分辨率。指跟踪定位器所能检测到的最小位置变化,小于这个值将检测不到。

③响应时间。它又包括 4 个指标:采样率,指检测目标位置的频率;数据率,指每秒钟所计算出的位置个数;更新率,指跟踪定位器报告位置数据的时间间隔;延迟时间,表示从一个动作发生至主机收到该动作跟踪数据的时间间隔。可见,一个优质跟踪定位器应当具有高更新率和低延迟时间。

④抗干扰性。指跟踪定位器在相对恶劣的条件下避免出错的能力。

表 2-1 对 3 种常用跟踪定位器的主要性能指标进行了描述和对比。

表 2-1 3 种常用跟踪技术的主要性能指标对比

跟踪器类型	精度	分辨率	响应时间	跟踪范围
电磁波	3mm＋0.1mm	1mm±0.03mm	50ms	半径<1.6m 的半球形
超声波	依空气密度变化	10mm±0.5mm	30ms	4～5m³
光学	1mm	2mm±0.02mm	<1ms	4～8m³(可扩展至 14m³)

从表中很容易看出,目前的每种跟踪器各有自身优点,但同时也存在某些方面的限制。因此,如何使这些装置既精确可靠、快速便捷,又能兼顾安全牢固、成本低廉,成为跟踪定位技术下一步要解决的问题。

2.2　虚拟现实系统的输出设备

在虚拟现实系统中,为了能够使人完全的置身于虚拟世界并能得到沉浸的感觉,就必须让虚拟世界提供各种感受来模拟人在现实世界中的各种感受,如视觉、听觉、触觉、力觉、嗅觉、味觉、痛觉,等等。然而由于目前水平有限,仅有视觉、听觉、触觉、力觉这几方面的感知信息产生和检测技术较为成熟或相对成熟一些。现对这几方面的设备进行重点阐述。

2.2.1　视觉感知设备

视觉感知设备主要向用户提供立体视觉的场景显示,并且这种场景的变化是实时的。立体显示从诞生至今已经被广泛地应用于各个领域,如娱乐业、电影业、国防科研机构等。由于它具有更强的真实感和沉浸感,而成为虚拟现实系统的一个重要组成部分。有两种方法能够实现立体显示。

第一,同时显示技术,即同时显示左右两幅图像,让两幅图像存在细微的差别,使双眼只能看到相应的图像。这种技术主要用于头盔显示器中。

第二,分时显示技术,即以一定的频率交替显示两幅图像,用户通过以相同频率同步切换的有源或无源立体眼镜来观察图像,从而来保证每只眼睛只能看到各自相应的图像。这种技术主要用于立体眼镜中。

上述两种技术是视觉感知设备的关键技术。

1.头盔显示器

头盔显示器(Head Mounted Display,HMD),将用户从现实世界分离出来,是专为用户提供虚拟现实中景物的彩色立体显示器。HMD 系统包括两个小型平面液晶显示器(显示表面),前方装有特殊的光学透镜(LEEP 镜片)。

通常用机械的方法固定在用户的头部,头与头盔之间的运动始终保持一致。头盔配有位置跟踪器,用于实时探测头部的位置和朝向,并反馈给计算机。计算机根据这些反馈数据生成反映当前位置和朝向的场景图像并显示在头盔显示器的屏幕上。头盔显示器为每只眼睛显示独立的图像。它是目前较普遍采用的一种立体显示设备。

显示器有很多种,如阴极射线管(CRT)、液晶显示器(LCD)等。显示器的工作方式分为两种:立体显示和平面显示,如图 2-8 所示。立体显示的 VR 系统为两眼分别计算具有视差的不同的图像。平面显示的 VR 系统为两眼提供相同的图像。

LEEP 镜片能够缓解由于头盔显示器所用屏幕离眼睛很近而产生的疲劳。LEEP 镜片的特征是它们使用输出成像极其宽阔的透镜,其原理示意图如图 2-9 所示。为了使 LEEP 镜片包容所有大小的瞳孔间距,需要透镜的轴间距比成人瞳距的平均值稍小,目的是当看两个屏幕时用于双眼聚焦。否则就需要一个机械调整装置,这样会导致成本的增加,镜片的复杂化。

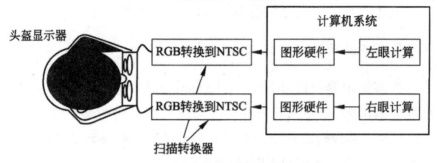

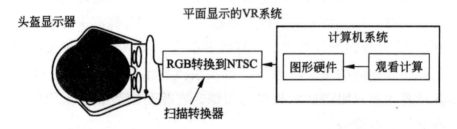

图 2-8　头盔显示器的显示技术

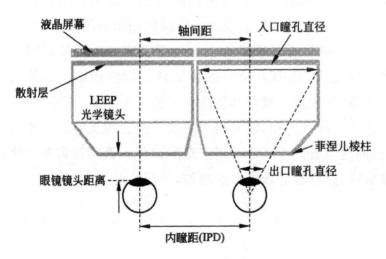

图 2-9　HMD 的 LEEP 光学系统示意图

在头盔中 LEEP 光学系统实现立体视觉的基本原理如图 2-10 所示。图 2-10(a)中,根据凸透镜成像原理,实际显示屏上 A 像素的像是虚像屏上的 B 像素,可见虚像比屏幕离开眼睛更远。图 2-10(b)中的一个目标点在两个屏幕上的像素分别为 A1 和 A2,它们在屏幕上的位置之差就是立体视差,这两个像素的虚像的像素分别为 B1 和 B2。双目视觉的融合,用户看到的目标像素就在 C 点位置上。

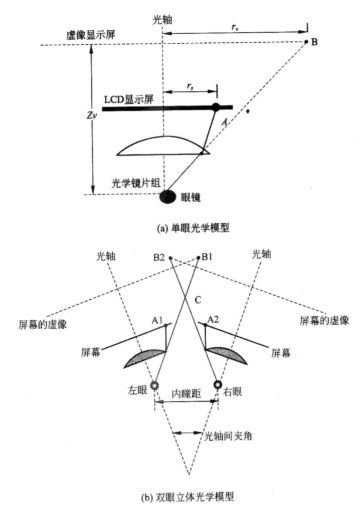

(a) 单眼光学模型

(b) 双眼立体光学模型

图 2-10 LEEP 镜片的光学模型

根据显示表面的不同,头盔显示器主要分为基于 CRT 头盔显示器、基于 LCD 头盔显示器和基于 VRD 头盔显示器。

(1)基于 CRT 的头盔显示器

CRT 技术是多年来在电视机和计算机显示器上广泛应用的一项较为成熟的技术。基于 CRT 的头盔显示器是使用电子快门等技术实现双眼立体显示的,提供小的高分辨率、高亮度的单色显示。但其 CRT 较重,并存有高电压,因此佩戴较危险,缺乏沉浸感。要开发小型的、高分辨率、高亮度、彩色的 CRT 相对来说比较困难。

Virtual Reality 公司生产的一种基于 CRT 的新型 HMD——HMD-131,如图 2-11(a)所示。其分辨率依据显示频率而定,30Hz 时为 1280×1024 个像素点,60Hz 时为 640×480 个像素点。但图像是单色的。

采用组合的技术途径可产生高质量彩色图像,并进一步减少重量和价格。高质量彩色的基于 CRT 的 HMD 已经被引入市场,主要采用了加于单色 CRT 的机械电子彩色滤光技术。这一方法中的 CRT 是以三倍正常速率扫描的,并依次加上红、绿、蓝三色的滤光器。

1993 年 8 月,n-Vision 公司生产了一种全彩色 CRT 的 HMD——Datavision 9C,如图 2-11(b)所示。Datavision 9C 在单色 CRT 前放一个 Tektronix"原色"液晶光栅。通过快速过滤器开关控制,先后以红色、绿色、蓝色显示,人的大脑把这三幅图像融合在一起形成一幅彩色图像。由于其扫描频率是普通 CRT 扫描频率的 3 倍,因此需要昂贵的高速电子管。最大的信号宽度是 100MHz,频率为 30Hz 时分辨率为 1280×960,频率为 60Hz 时分辨率为 640×512。

也可以采用颜色回旋的技术来获得彩色图像,即分别让红、绿、蓝三种颜色分别在单色 CRT 面前高速旋转,把它与单色 CRT 耦合起来。同时,把显示器移植到一个芯片上,即所谓的"数字微

镜设备(DMD)",实现了 $37 \times 33mm^2$ 大小显示器,分辨率能达到
2048×1152。其优点是减轻了重量,提高了亮度。

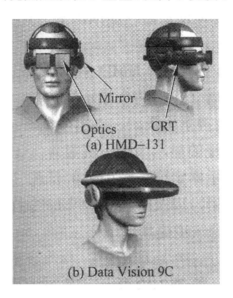

图 2-11　基于 CRT 的头盔产品

(2)基于 LCD 的头盔显示器

目前,市场上出售的基于 LCD 的头盔显示器几乎全部依靠
电视机质量的液晶显示。其 LCD 显示技术是以低电压产生彩色
图像,但只具有很低的图像清晰度。在头盔显示中,要用笨重的
光学设备形成高质量图像。

VPL EyePhone 是 20 世纪 90 年代初生产的第一个基于
LCD 分辨率为 360×240 的头盔显示器。不过其重达 2.4kg 的重
量增加了使用者的疲劳感。

随后该产品被成本较低的 Flight Helmet 所取代,如图 2-12
(a)所示。它具有与 EyePhone 一样的分辨率和视域。此外还具
有立体声耳机及超声波位置跟踪器。它的重量 1.8kg,佩戴方便
舒适。

Cyberface II 是另一种基于 LCD 的头盔显示器,它的工作方
式与 Eyephone 大致相同。所不同的是分辨率更高,视域更大,视

场是目前能达到的最大值。它是在使用者胸部放一个计数加载器，重量减到 1kg，如图 2-12(b)所示。

Tier 1 是一种仅用于 VR 应用的新型 HMD 配置设计。其优点为：是一种轻型 HMD，使用者佩戴时，头部暴露在空气中，感觉更舒适；内置会聚矫正器，无须偏移软件进行会聚处理；显示器可拆卸，只有 680g 重量，因此可以方便地转换为手持式视频器，如图 2-12(c)所示；Tier 1 的前端控制板上有一个立体/单显开关，用来控制头盔显示器的工作模式。

HMSI1000 是新型的头盔显示器，如图 2-12(d)所示。此 HMD 几乎与一副眼镜大小相同，LCD 的缩小使得立体视场也相应缩小，从而重量减轻为 0.23kg。不过由于所有的重量都由鼻子来承担，故使用者佩戴时感到很沉重。随后的第二代 HMSI 在第一代的基础上做出了很大的改进，如重量的减小、分辨率的增大等。

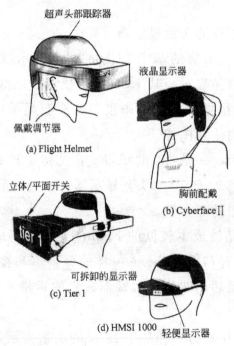

图 2-12 各种类型的头盔显示器

（3）基于 VRD 的头盔显示器

VRD(Virtual Reality Display)是 1991 年由华盛顿大学人类接口技术(HIT)实验室发明的，目的在于产生全彩色、宽视场、高分辨率、低价格的虚拟现实立体显示。

基于 VRD 的头盔显示器具有以下几个主要特点：眼镜很小、很轻；视场大，超过 120°；高分辨率，适应人类视觉；有更高彩色分辨率的全彩色；高亮度；功率消耗低；有深度感的、真正的立体显示；具有看穿的显示方式，这类似于看穿的头盔显示，能够同时看到激光扫描的虚拟图形和真实场景。

如图 2-13 所示为 VRD 的工作原理。源图像为要显示的图像，调制的光源是红、绿、蓝三基色的光源，水平和垂直扫描器根据源图像对光源进行扫描。通过光学镜头能够在人的视网膜上产生光栅化的图像，该图像在观看者看来好像是在 2 英尺远处的 14 英寸监视器上，实际上，这是一种幻觉，图像是在眼睛的视网膜上。图像质量很高，有立体感，全彩色，宽视场，无闪烁。

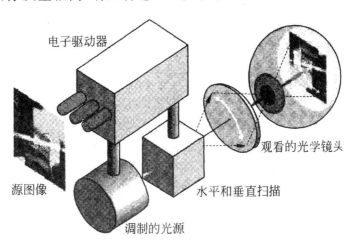

电子驱动器

观看的光学镜头

源图像

水平和垂直扫描

调制的光源

图 2-13　VRD 显示表面工作原理

Microvision 是 VRD 的应用在头盔上的主要产品，它提供了单色双目的 HMD 系统，视场水平 52°，垂直 30°，显示行数 960 行，水平像素 1716，包括两个显示器、头盔结构及光学系统在内的重量可达 2 磅,图像以"看穿的方式"投影,飞行员同时看到背景场景。

头盔显示器是不需要附加硬件,并能完全环绕的单用户沉浸的显示系统。头盔显示器的特点:显著优点是由计算机合成图像,分辨率较高,视场大,色彩丰富,消除显示器定位系统引入的延迟,实现无缝全环绕;但是由于重量和惯性的约束,很容易引起疲劳,并且运动眩晕症状也会随着增加,在性能上有待进一步提高,高性能 HMD 价格高。

2. 立体眼镜显示系统

立体眼镜显示系统的设备包括立体图像显示器和立体眼镜,如图 2-14 所示器。立体图像显示器通过专门设计,以两倍于正常扫描的速度刷新屏幕,这一刷新频率能够直接影响图像的稳定性。采用分时显示技术,计算机给显示器交替发送两幅有轻微偏差的图像。位于 CRT 显示器顶部的红外发射器与 RGB 信号同步,以无线的方式控制活动眼镜。红外控制器指导立体眼镜的液晶光栅交替地遮挡每只眼睛的视野。大脑能够记录快速交替的左眼和右眼图像序列,并通过立体视觉将它们融合在一起,从而产生深度感知。

(1)立体图像显示器

典型的立体图像显示器的刷新频率为 60Hz,用此频率来显示立体图像时,则相应的眼睛视图只能以每秒 30 帧的刷新频率显示在屏幕上,这样会导致图像出现明显的闪烁、不稳定。而为了保持图像的稳定,就要使眼睛视图的刷新率保持在 60Hz,这时显示器就应当采用两倍于 60Hz 的刷新频率。这种图像比基于 LCD 的 HMD 要清楚得多,而且长时间观察也不会产生疲倦的感觉。

(2)立体眼镜

立体眼镜通电后能实现高速的左右切换,使使用户双眼分别只

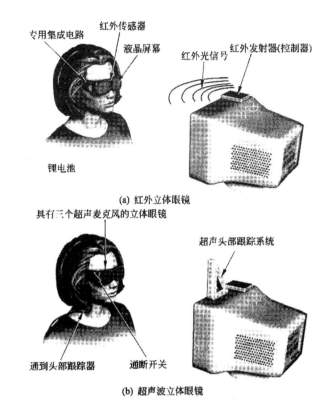

图 2-14 立体眼镜显示系统

能看到对应的左右视图,从而实现立体视觉。目前主要有两类立体眼镜:有源眼镜和无源眼镜。

①有源眼镜。有源立体眼镜又称为主动立体眼镜,它的镜框上装有电池及液晶调制器控制的镜片。立体显示器有红外线发射器,根据显示器显示左右眼视图的频率发射红外线控制信号。液晶调制器接收红外线控制器发出的信号,并控制左右镜片的开关状态。当显示器显示左眼视图时,控制右眼镜片处于不透明状态,左眼镜片处于透明状态;反之,控制左眼镜片处于不透明状态,右眼镜片处于透明状态。通过轮流切换镜头的通断,使左右眼睛分别只能看到显示器上显示的左右视图。

有源系统的图像质量好,但有源立体眼镜价格昂贵,且红外线控制信号易被阻拦而使观察者工作范围受限。目前有源眼镜的市面价位在千元左右，品种不多。

②无源眼镜。无源立体眼镜又称为被动立体眼镜，它是根据光的偏振原理设计的。偏振片①是使光通过后能成为偏振光的一种薄膜。当光通过第一个偏振片时就形成偏振光，只有当第二个偏振光片与第一个窄缝平行时才能通过，如果垂直则不能通过，其原理如图2-15所示。利用这一原理，立体眼镜的左右镜片是两片正交偏振片，分别只能容许一个方向的偏振光通过。显示器显示屏前安装一块与显示屏同样尺寸的液晶立体调制器，显示器显示的左右眼视图经液晶立体调制器后形成左偏振光和右偏振光，然后分别透过无源立体眼镜的左右镜片使左右眼睛分别只能看到显示器上显示的左右视图。

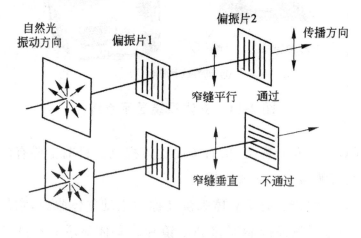

图 2-15 光的偏振原理图

无源立体眼镜的镜片也可以是滤色片②，常用的是红绿滤色片眼镜。其原理是在进行电影拍摄时，先模拟人的双眼位置从左右两个视角拍摄出两个影像，然后分别以红、绿滤光片投影重叠

---

①　偏振片是由能够直线排列的晶体物质（如电气石晶体、碘化硼酸喹宁晶体）均匀加入聚氯乙烯或其他透明胶膜中经过定向拉伸而成的。

②　滤色片能吸收其他的光线，只允许与滤色片相同色彩的光透过。

印在同一画面上,制成一条电影胶片。放映时可用普通放映机在一般漫反射银幕上放映,但观众须戴红绿滤色眼镜,这样通过红色镜片的眼睛只能看到红色影像,通过绿色镜片的眼睛只能看到绿色影像,从而实现立体电影。

由于无源立体眼镜价格低廉,且无须接受红外控制信号,因此适用于观众较多的场合。

由于立体眼镜提供的视场较小,使用者仅仅把显示器当作一个观看虚拟世界的窗口,因此佩戴舒适的立体眼镜产生的沉浸感与 HMD 相比要弱。如果使用者坐在距离显示宽度为 30cm 的显示器 45cm 处,显示范围只是使用者水平视角 180°中的 370°。然而,VR 物体看起来最好在当投影角度为 500°时。使用者可以根据屏幕显示宽度来确定与屏幕的最佳距离,从而放大视野。

3.洞穴式立体显示系统

洞穴式立体显示系统是投影系统中一种沉浸感极强的投影式系统,通过投射多个投影面,形成房间式的空间结构,使得围绕观察者具有多个图像画面显示,如图 2-16 所示。CAVE 系统是一个立方体结构,首先是由伊利诺斯大学芝加哥校区的电子可视化实验室发明的。

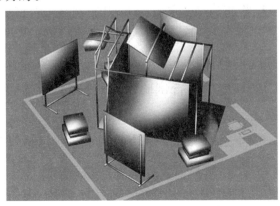

图 2-16　CAVE 空间结构

CAVE 系统是一种基于多通道视景同步技术和立体显示技术的房间式投影可视协同环境。它在设计和使用时需要根据具体情况来选择使用多少块屏幕,可以提供一个房间大小的 4 面、5 面或者 6 面的立方体投影显示空间,从而使所有参与者均完全沉浸在一个被立体投影画面包围的高级虚拟仿真环境中。该系统借助音响技术(产生三维立体声音)和相应虚拟现实交互设备(如数据手套、力反馈装置和位置跟踪器等)获得一种身临其境的高分辨率三维立体视听影像和 6 自由度交互感受。

1999 年,浙江大学计算机辅助设计与图形学国家重点实验室成功建成我国第一台 4 面 CAVE 系统。多个用户戴上主动式或被动式眼镜,为避免用户本身对投影画面有遮挡,使用背投式显示屏上显示的计算机生成的立体图像,增强了身临其境的感觉。

CAVE 可以应用于任何具有沉浸感需求的虚拟仿真应用领域,是一种全新的、高级的科学数据可视化手段。它具有如下特点:

①优点。CAVE 系统中的投影面几乎能够覆盖用户的所有视野,带给使用者的沉浸感受是前所未有的、带有震撼性的;它提供高质量的立体显示图像,即色彩丰富、无闪烁、大屏幕立体显示、多人参与和协同工作;它为人类带来了一种全新的创新思考方式,扩展了人类的思维,使人们可以直接看到自己的创意和研究对象,例如,生物学家能检查 DNA 规则排列的染色体链对结构并虚拟拆开基因染色体进行科学研究;理化学家能深入到物质的微细结构或广袤环境中进行试验探索;汽车设计者可以走进汽车内部随意观察。

②缺点。成本造价很高,CAVE 的价格(包括高端的多通道图形工作站)大约为 300000 美元;体积大;参与人数如果超过 12 人显示设备就显得太小了;系统并没有标准化,兼容性较差。上述问题的存在限制了其普及。

4.响应工作台立体显示系统

响应工作台立体显示系统是计算机通过多传感器交互通道向用户提供视觉、听觉、触觉等多模态信息,可以将三维场景投影到桌面大小(尺寸约为 2m×1.2m 或略小)的水平显示器上,通常采用主动式立体显示方式,具有非沉浸式、支持多用户协同工作的立体显示装置。

响应工作台立体显示系统是德国国家信息技术研究中心(GMD)发明的,命名为 RWB(Responsive Work Bench)。它是一个台式装置,桌面兼做显示器,由 CRT 投影仪、一个大的反射镜和一个具有散射功能的显示屏组成,如图 2-17 所示。为防止外面的光被工作台的镜面反射,通常将 CRT 投影仪合成在工作台的外壳中。从图中可以看出,立体图像由投影仪输出,通过一个反射镜反射到显示屏上,显示屏通过漫散射向屏上反射。

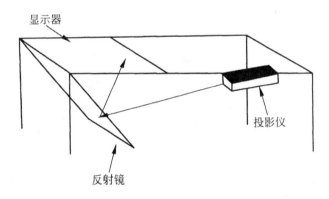

图 2-17　RWB 的工作示意图

佩戴立体眼镜,坐在显示器周围的多个用户可以同时在立体显示屏中看到三维对象浮在工作台上面,虚拟景象具有较强立体感。如果工作台是水平的,用户对面比较高的三维对象会被剪掉①。解决

---

① 这就是所谓的立体倒塌效果。

这一问题有两种途径:第一,引入倾斜机制,允许用户根据应用的要求控制工作台的角度,工作台可以处于水平和垂直之间的任意倾斜角度。第二,采用 L 形工作台,例如 V-Desk 6,如图 2-18 所示,桌面不是机动的,而是引入了两块固定的屏幕和两个 CRT Barco 投影仪,顶部的投影仪瞄准竖直的屏幕,第二个投影仪的图像被放置在显示器较低部分的镜面反射出去。其结果是在一个非常紧凑的外壳中创建立体观察体,允许少数几个用户与三维场景交互。当多个用户同时观察立体场景时,系统只给戴着头部跟踪器的主用户提供正确的透视观察,其他次要用户会看到视觉假象,这取决于主用户的头部运动。

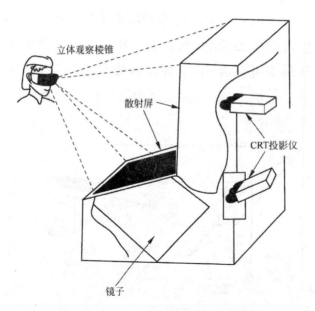

图 2-18 V-Desk 6 工作示意图

响应工作台立体显示系统的特点:响应工作台所显示的立体视图只受控于一个观察者的视点位置和视线方向,而其他观察者可以通过各自的立体眼镜来观察虚拟对象,因此较适合辅助教学、产品演示。如果有多台工作台同时对同一虚拟环境中的各自对象进行操作,并互相通信,即可实现真正的分布式协同工作的目的。

5.墙式立体显示系统

墙式立体显示系统是采用大屏幕投影显示器组成的,它的目的是解决更多观众共享立体图像的问题。此系统类似于放映电影形式的背投式显示设备。由于屏幕大,容纳的人数多,因此适用于教学和成果演示。目前常用的墙式立体显示系统包括单通道立体投影显示系统和多通道立体投影显示系统。

(1)单通道立体投影显示系统

在众多的虚拟现实三维显示系统中,单通道立体投影系统是一种高性能价格比的小型虚拟三维立体投影显示系统。单通道立体投影系统主要包括专业的虚拟现实工作站、立体投影系统、立体转换器、VR 立体投影软件系统、VR 软件开发平台和三维建模工具软件等几个部分,如图 2-19 所示。该系统以一台图形工作站为实时驱动平台,两台叠加的立体专业 LCD 投影仪作为投影主体。在显示屏上显示一幅高分辨率的立体投影影像。

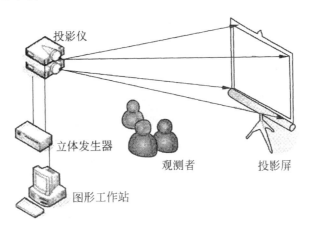

图 2-19　单通道立体投影系统

单通道立体投影系统的特点:投入成本相对较低、兼容性好、开放性强、操作简便、占用空间较小、具有极好性能价格比,由于其集成的显示系统使安装、操作使用更加容易和方便,被广泛应用于高等院校和科研院所的虚拟现实实验室中。与传统的投影相比,该系统最大的优点是能够实现高分辨率、高清晰度、无闪烁、大幅面的三维立体投影影像,为虚拟仿真用户提供一个有立体感的半沉浸式虚拟三维显示和交互环境。

(2)多通道立体投影显示系统

平面立体多通道虚拟现实投影系统是指采用多态投影机组合而成的多通道大屏幕展示系统,是一种半沉浸式的 VR 可视协同环境。该系统具有巨幅平面投影结构,配备了完善的多通道声响及多维感知性交互系统,从视、听、触等多个层面来满足虚拟现实技术的应用需求,是理想的设计、协同和展示平台;它可根据场地空间的大小灵活地配置多个投影通道,无缝地拼接成一幅巨大的投影幅面、极高分辨率的二维或三维立体图像,从而形成一个更大的虚拟现实仿真系统环境,更具冲击力和沉浸感的视觉效果。

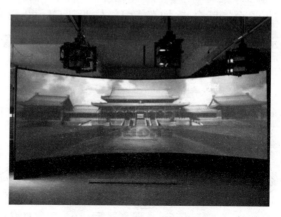

图 2-20　环幕投影系统

多通道立体投影显示系统通常又称为环幕投影系统,是采用环形的投影屏幕作为仿真应用的显示载体,具有多通道虚拟现实投影的显示系统,如图 2-20 所示。多通道环幕投影系统是具有较高技术含量的显示系统,它以多通道视景同步技术、多通道亮度和色彩平衡技术、数字图像边缘融合技术为支撑,将三维图形计算机生成的三维数字图像实时地显示在一个超大幅面的环形投影幕墙上,观看者佩戴立体眼镜能够获得一种身临其境的虚拟仿真视觉感受。

根据环形幕弧度的不同,通常有 120°、135°、180°、240°、270°、360°等不同的环幕系统。由于其屏幕的显示半径巨大,该系统通常用于一些大型的虚拟仿真应用,例如虚拟战场仿真、数字城市规划和三维地理信息系统等大型场景仿真环境,并逐渐向展览展示、工业设计、教育培训和会议中心等专业领域发展。

6.裸体立体显示系统

裸体立体显示系统之所以会出现,是因为人们在佩戴立体眼镜观看立体显示时受到了束缚,而渴望无须戴专用眼镜即可看立体影像。

裸体立体显示系统的显示技术结合双眼的视觉差和图片三维的原理,自动生成两幅图片,一幅给左眼看,另一幅给右眼看,使人的双眼产生视觉差异。由于双眼观看液晶的角度不同,因此不用戴上立体眼镜就可以看到立体的图像,如图 2-21 所示。

图 2-21　立体液晶显示器

美国 DTI 公司首先推出的 15 英寸 2015XLS 3D 液晶显示器,它摆脱了 3D 束缚,采用了一种被称为视差照明的开关液晶技术实现了裸体立体显示效果,其原理如图 2-22 所示。

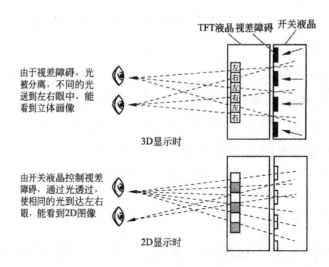

由于视差障碍，光被分离，不同的光送到左右眼中，能看到立体画像

3D显示时

由开关液晶控制视差障碍，通过光透过，使相同的光到达左右眼，能看到2D图像

2D显示时

图 2-22　液晶显示器原理图

上述显示器一经推出便在业界引起了巨大震动，极大地刺激了各大电子消费产品企业对 3D 液晶显示技术研发的热情，新技术、新产品不断出现。例如三洋电机公司采用图像分割棒技术研发的 3D 显示器，飞利浦公司使用双凸透镜设计原理的 3D 显示器等。随后，为了保证 3D 产品之间的兼容性，2003 年 3 月，夏普、索尼、三洋、东芝和日本等 100 家公司组成了一个 3D 联盟，共同开发 3D 产品。

图 2-23　夏普生产的 15 英寸 3D 液晶彩色显示

目前,日本厂商在 3D 显示技术市场处于领先地位。图 2-23 所示为夏普公司生产的 15 英寸液晶显示器,其通过数字输入端子(DVI-I 端子)完美再现清晰的立体画面,配有专用按钮还可以实现 2D 和 3D 显示的切换。

2.2.2　听觉感知设备

听觉信息是多通道感知虚拟环境中的一个重要组成部分。它可以接收用户与虚拟环境的语音输入,也能生成虚拟世界中的立体三维声音。声音处理可以使用内部与外部的声音发生设备,其系统主要由立体声音发生器与播放设备组成。一般采用声卡来为实时多声源环境提供三维虚拟声音信号传送功能,对这些信号进行预处理,用户通过普通耳机就可以确定声音的空间位置。

虚拟环境的听觉显示系统应该能给两耳提供声波,同时还应具有以下特点:第一,应有高度的逼真性;第二,能以预订方式改变波形,作为听者各种属性和输出的函数(包括头部位置变化);第三,应该消除所有不是虚拟现实系统产生的声源(如真实环境背景声音),当然在增强现实系统中,允许有现实世界的声音,因为它的意图是组合合成声音与真实声音。

为了满足这些要求,听觉显示系统应该包括发声设备。在现在虚拟现实系统中主要是耳机与喇叭这两种发声设备。为了仿真不同类型的声源,要求能合成各类特定声源的声音信号。

1.耳机

耳机会随头部一起移动,并且只能供一个用户使用。对于耳机来说,更容易实现立体声与声音的 3D 空间化。根据电声特性、尺寸重量以及安装在耳上的方式不同,耳机可以分为两类:护耳式耳机和插入式耳机(或称耳塞)。在虚拟现实领域涉及听觉显示的多数研究开发集中在由耳机提供声音。

采用耳机具有如下缺点：①它要求把设备安在用户头上，从而增加了负担；②耳机提供的发声功率很小，只刺激听者耳膜，并不足以给用户提供能够影响耳朵以外的身体部位的声音能量，例如爆破或高速飞机低空飞过，振动用户肚子等。

虽然与耳机有关的接触感可能限制听觉临场感的效果，但是由于用户有时需要在虚拟和真实环境之间来回转换，这种与耳机的接触可能更方便。如果希望在环境中提供真实的高能声音事件的仿真，则其他身体部位的声音仿真同样重要。

2. 喇叭

喇叭与耳机相比声音大，由于其位置远离头部所以可使多人感受，它在动态范围、频率响应和失真等特征上同样适用于所有虚拟现实应用，特别是要求在很大的音量上产生很高强度声音（如在大剧场中的强声音乐）时。此外，喇叭的价格也是合适的。

在虚拟现实系统中，喇叭系统所面临的最主要问题是达到要求的声音空间定位（包括声源的感知定位和声音的空间感知特性）。由于在用喇叭时给定耳膜收到的信号受到房间中所有喇叭发出的所有信号的影响，所以控制起来就比较困难，并且还由于声音在房间中由喇叭到耳膜传送中会经受变换，因此喇叭系统空间定位中的主要问题是难以控制两个耳膜收到的信号，以及两个信号之差。在调节给定系统，对给定的听者头部位置提供适当的感知时，用户只得到固定方位声像，如果用户头部离开这个点，这种感知就很快衰减。房间的声学特性是不容易处理的，至今还没有喇叭系统包含头部跟踪信息，并用这些信息随着用户头部位置变化适当调节喇叭的输入。

前面所提及的伊里诺斯大学开发的 CAVE 系统是虚拟现实领域中使用非耳机显示的一个最有名的系统。这个 CAVE 系统使用 4 个同样的喇叭，安在天花板的 4 角上，而且其幅度变化（衰减）可以仿真方向和距离效果。

2.2.3　触觉(力觉)反馈设备

虚拟现实系统中,接触按照提供给用户的信息分为两类:触觉反馈和力觉反馈。接触反馈代表了作用在人皮肤上的力,它反映了人类触摸的感觉,或者是皮肤上受到压力的感觉;而力反馈是作用在人的肌肉、关节和筋腱上的力。科研人员实验证明,不带触觉的虚拟现实在任何时候都会遇到挫折和困难。实际上也确实如此,没有触觉和力觉是不可能与环境进行复杂和精确的交互的。因此,在建立虚拟环境时,提供必要的接触和力反馈有助于增强 VR 系统的真实感和沉浸感,并提高虚拟任务执行成功的几率。

目前已研制成了一些触觉和力反馈设备,但由于触觉传感器技术分析非常复杂,且在 VR 系统中对触觉和力反馈设备还有实时、安全、轻便等性能要求,所以说,这些设备大多还是原理性和实验性的,距离真正的实用尚有一定的距离。

1. 触觉反馈设备

触觉反馈在物体辨识与操作中具有重要作用。触觉反馈的方式包括充气式、振动式、微型针列式、温度激励式、压力式、微电刺激式及神经肌肉刺激式等。手是实施接触动作的主要感官,目前最常用的一种模拟触觉反馈的方法是使用充气式或振动式触觉反馈手套。

(1)充气式触觉反馈手套

它是使用小气囊作为传感装置,在手套上有二三十个小气囊放在对应的位置,当发生虚拟接触时,通过空气的流入或流出实现气囊的迅速加压或减压。同时,由计算机中存储的相关力模式数据来决定各个气囊在不同状态下的气压值,以再现碰触物体时手的触觉感受及其各部位的受力情况。

用这种方法创建的模拟触觉反馈工具并不是十分逼真,但已经取得了较好的效果,引起了技术界和用户的浓厚兴趣。

(2)振动式触觉反馈手套

它是使用小振动换能器实现的,换能器通常由状态记忆合金制成,它们会在电流通过时发生形变和弯曲。因此,可以根据需要把换能器做成各种形状安装在皮肤表面的各个位置上,就有可能产生对虚拟物体的光滑度、粗糙度的感觉。

(3)充气式和振动式触觉反馈手套的区别

气囊产生的触觉反馈比状态记忆合金要慢些、强些,更适合表现一些缓慢、柔和的力。

换能器几乎可以立刻对一个控制信号做出反应,更适合于产生不连续、快速的感觉。

2. 力觉反馈设备

所谓力反馈是运用先进的技术将虚拟物体的空间运动转变成周边物理设备的机械运动,使用户能体验到真实的力度感和方向感,从而提供一个崭新的人机交互界面。对于像研究物理磁性的相斥和相吸等应用问题来说,没有力反馈设备的系统几乎是没有任何意义的。关于力反馈装置的研究最初是从机器人领域开始的,目前已创造了一些用以提供力反馈的装置,例如力反馈手套、力反馈操纵杆、吊挂式机械手臂、桌面式多自由度游戏棒以及可独立作用于每个手指的手控力反馈装置等。

桌面式力反馈系统是目前较为常用的力反馈设备,该设备安装简单、使用轻便灵巧,用户在使用中不会因为设备沉重而产生疲倦甚至疼痛的感觉。

美国 SensAble 公司研制开发的产品 PHANTOM Premium 3.0(图 2-24)是一种可编程的、具有触觉及力反馈功能的装置。它类似于一个小型机械手,对于三维虚拟模型或数据具有定位功能。

图 2-24　力反馈设备 PHANTOM Premium 3.0

力反馈手套提供给用户一种虚拟手控制系统,使用户可以选择或操作机器子系统,并能自然感觉到触觉和力觉模拟反馈。例如,它可以独立反馈每个手指上的力,主要用于完成精细操作,图2-25 为一款力反馈手套。

图 2-25　力反馈手套

2.3　虚拟现实生成设备

虚拟现实生成设备是虚拟现实系统的重要组成部分之一。它从输入设备中读取数据,访问与任务相关的数据库,执行任务要求的实时计算,从而实时更新虚拟世界的状态,并把结果反馈给输出显示设备,通常称其为"虚拟现实引擎"。

虚拟现实系统的性能优劣很大程度上取决于计算设备的性能。虚拟现实生成设备通常分为高性能个人计算机、高性能图形工作站、高度并行的计算机 3 大类。

2.3.1　高性能个人计算机

个人计算机价格低，易于普及、发展。现有的个人计算机的 CPU 速度和图形加速卡绘制能力能满足 VR 仿真中的大多数实时性要求。

目前虚拟现实研发中最经济、最基本的硬件配置一般要求为：配有图形加速卡的中高档 PC 平台，支持 Intel 或 AMD 芯片，支持 Windows NT 及 Windows 9x/2000/XP 等操作系统，能平稳运行目前以三维绘图语言为基础的开放式虚拟仿真系统，以 CRT 显示器或外接投影仪为主要展示手段，配合 VR 立体眼镜或头盔显示器能在 CRT 显示设备上进行立体显示观察。

如图 2-26 所示为典型的高性能个人计算机系统结构，这个系统的核心部分是计算机的图形加速卡。为了加快图形处理的速度，系统可配置多个图形加速卡。图形加速卡的种类有很多，常见的有：蓝宝石 Radeon HD5850、华硕 EAH5870、耕昇 GT220 红缨-1G 版、艾尔莎影雷者 980GTX＋512B3 2DT、ATI Rage Fury。

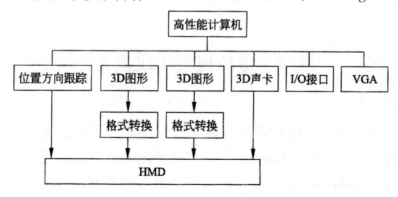

图 2-26　高性能个人计算机系统结构图

此外,数据总线是图形加速卡与计算机的桥梁,也会对图形加速卡的性能产生影响。

2.3.2　高性能图形工作站

目前,仅次于 PC 的最大的计算机系统是工作站。与 PC 相比,工作站的优点是有更强的计算能力,更大的磁盘空间,更快的通信方式。工作站主要用于通用计算而不是虚拟现实。随着虚拟现实的不断成熟,主要的工作站制造厂家逐渐开发用高端图形加速器来实现现有的模型。

基于工作站的虚拟现实机器有两种发展途径:Sun 和 SGI 公司采用的一种途径是用虚拟现实工具改进现有的工作站,像基于 PC 的系统那样;Division 公司采用的另一个途径是设计虚拟现实专用的"总承包"系统,如 Provision 100。

1. Sun 公司工作站

Sun 公司的业务重点就是进行工作站的设计,该公司已开发出了很多优秀的工作站,例如 Sun Blade 2500、Sun Blade 2000、Ultra 60。

Sun Blade 2500 是 Sun 公司设计和构建的稳定和可靠的 64 位双处理器高性价比工作站,如图 2-27 所示。Sun Blade 2500 工作站配备一组强大的工作站级功能;Sun XVR-100、Sun XVR-500 或 Sun XVR-1200 图形加速器为专业级三维图形提供了二维功能;配备了 6 个 64 位 PCI 插槽,提供了出色的灵活性、系统拓展性;集成的板上 10/100/1000Base-T 以太网提供了目前最高宽带的桌面网络标准;为各种采用先进技术的外设提供高吞吐量连接。

Sun Blade 2000 工作站是 Sun 公司目前能够提供的最高端工作站,如图 2-28 所示。它采用 900MHz 或 1.05GHz Ultra-

图 2-27　Sun Blade 2500 工作站

SPARC-Ⅲ Cu 双处理器配置,基于成熟的 64 位体系结构、强壮的 Solaris 8 操作系统环境,提供高端的 3D 技术成像能力。

图 2-28　Sun Blade 2000 工作站

　　Ultra 60 工作站(图 2-29)采用两个强有力、高性能且可升级的 300MHz UltraSPARC-Ⅱ CPU 处理模块,其能力足以运行要求最严格的应用软件;可提供极快的处理速度和吞吐量;图形处理技术也比较优秀,能处理土工技术、模拟、地震分析和医学成像等作业；支持双头和 24 英寸监视器，具有更多的可视显示区，实现更高的生产率。Ultra 60 工作站适用于大型应用和多种功能要求的技术与商务应用。它理想地适用于建模与虚拟模型、动画制作、渲染和视频效果处理、地球科学（测绘、石油和天然气等）、成像与可视化、医学成像、研究与开发、设计与分析等领域。

图 2-29　Ultra 60 工作站

2. SGI 公司工作站

SGI 公司的产品是在 PC 图形硬件取得巨大进步之前占据大部分 VR 市场的，该公司早在 1992 年就推出了 Reality Engine 图形体系结构。如今该公司生产的图形系统越来越成熟，具备更灵活、更强的数字媒体能力，能完成仿真、可视化和通信等任务。关键之处在于，系统具有强大的计算能力，多通道视觉输出，以及链接到传感器、控制设备和网络的快速输入输出，纹理化多边形填充能力等特点，并为台式机的可视化性能、多重处理和数字媒体的可靠性制定了新标准。

Silicon Graphics Tezro 可视化工作站是 SGI 公司的产品之一，如图 2-30 所示。它的强大功能来自先进的 SGI 系列每秒

3.2GB 内存高带宽架构的 MIPS 处理器，一台 Tezro 中最高可配置 4 个这样的处理器。Tezro 支持高分辨率，包括 HDTV、立体图像选项、双通道和双头显示选项，先进的纹理操作，硬件加速阴影绘制和 96 位硬件加速累加缓冲器。这样，Tezro 就可以在台式机上提供业界最领先的可视化技术、数字媒体和 I/O 连接性。

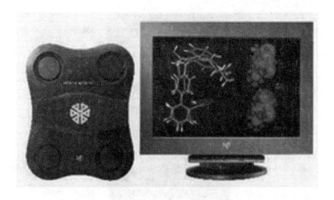

图 2-30　Silicon Graphics Tezro 可视化工作站

3. Division 公司工作站

Provision 100 是 Division 公司的工作站，其并行结构有多个处理器，这个结构也有一个 I/O 卡，并允许增加附加的 I/O 处理器。与 486 PC 等主计算机的连接允许基于 UNIX 的 Provision 100 用于仿真中的高级终端。

Provision 100 VRX 使用两个图形板，直接输出 NTSC/PAL 信号。每个图形板有一个 Intel i860 处理器和两个 T425 transputers。i860 利用常用的多边形加速器作几何处理，每秒提供 35000 个 Gouraud 明暗的 Z-缓冲的多边形。Provision 100 VRX 模型有一个附加的纹理模块，在像素处理器和两个视频存储器之间，用于添加纹理，但不损失绘制速度。板中的 40MHz i860 处理器和多达 16MB 的存储器用于对仿真中所有运动的虚拟对象的碰撞检测。一个 T425 transputer 在整个仿真管理中帮助 i860。

同一个板上的两个 T805 transputers 监控 4～8 个 RS-232 串行口和两个可编程 I/O(PIO)通道,跟踪器和其他虚拟现实工具用来采集数据,如用于仿真的 3D 鼠标。声音系统(Beachtron)提供高质量的 3D 声音,放在单独的板上,与其他板一起插在同样的 EISA 总线上。

2.3.3　超级计算机

在虚拟现实系统中,有些现象会涉及复杂的物理建模与求解,如流体分析、风洞流体、复制机械变形等,这些问题数据量十分庞大,需要由超级计算机计算出场景数据结果,再发送到它们图形"前端"工作站去进行显示。

超级计算机,又称巨型机,是计算机中功能最强、运算速度最快、存储容量最大,而价格也最为昂贵的一类计算机,多用于国家高科技领域和国防尖端技术的研究,如核武器设计、核爆炸模拟、反导弹武器系统、空间技术、空气动力学、大范围气象预报、石油地质勘探等。

在国外,1987 年,美国 Cray 公司研制的 Cray-3 计算速度可达几十亿次/秒。1998 年,IBM 公司开发出的"蓝色太平洋",每秒能进行 3.9 万亿次浮点运算。2002 年,日本研制出"地球模拟器",运算速度高达每秒 40 万亿次。此外,我国在超级计算机硬件技术方面也已达到国际先进水平,国内的"银河"、"曙光"和"神威"系列超级计算机都相继投入使用。中国曙光计算机公司研制的"曙光 4000A",如图 2-31 所示,运算速度可达每秒 8.061 万亿次。

超级计算机通常分为 6 种实际机器模型:单指令多数据流(SIMD)机、并行向量处理机(PVP)、对称多处理机(SMP)、大规模并行处理机(MPP)、工作站群(COW)以及分布共享存储器(DSM)多处理机。

图 2-31 曙光 4000A

超级计算机的机身是极其庞大的。例如,"ASCI 紫色"计算机重 197 吨,体积相当于 200 个电冰箱的大小,微处理器也不止一个。有些超级计算机干脆就是由一大批个人计算机组成的计算机群。如,"白色"超级计算机使用了 8000 多个处理器协同动作;而 NEC 公司的"地球模拟器"采用了常见的平行架构,使用了 5000 多个处理器;"蓝色基因"将使用 13 万个 IBM 最先进的 Power 5 微处理器;"ASCI 紫色"计算机使用大约 12000 个 IBM 新型芯片;"曙光 4000"采用了美国芯片制造商 AMD 制造的 2560 枚 Opteron 芯片。

第 3 章　虚拟现实系统的关键技术探析

虚拟现实系统的目标是由计算机生成虚拟世界,用户可与之进行全方位交互,并且虚拟现实系统能进行实时响应。要实现这一目标,除了前面所探讨虚拟现实系统的硬件设备外,还需要有较多的相关技术加以保证,特别是在计算机的运行速度还不能很好地满足虚拟现实系统需要的情况下,相关技术就显得尤为重要。本章重点对虚拟现实系统的关键技术探究、分析。

3.1　建模技术

设计一个 VR 系统,首要的问题是创造一个包括三维模型、三维声音等多种要素的虚拟环境,视觉在人的感觉中摄取的信息量最大,反应亦最为灵敏,所以创造一个逼真又合理的模型,并且能够实时地、动态地显示是非常重要的。虚拟现实系统构建的很大一部分工作也是建造逼真合适的三维模型。而要使这个世界看起来真实、动起来真实、听起来真实和摸起来真实,就要依靠建模技术。由此可见,建模技术是虚拟现实技术中最重要的技术领域,也是虚拟现实技术中的关键技术之一。

计算机图形学是虚拟现实的基石,建模技术是计算机图形学最重要的研究方向之一。建模技术涉及的内容十分广泛,包括数学、动力学和运动学等基础学科,以及机器人学、机械工程学和生物机械学等应用学科。

本节重点对几何建模、物理建模、行为建模等几种常用的建模技术进行分析阐述。

3.1.1　虚拟现实建模的特点和技术标准

1.虚拟现实建模的特点

同其他图形建模系统相比,虚拟现实建模有自己的特点,主要表现在以下三个方面:

①虚拟现实中可以有非常广泛的物体,往往需要构造大量完全不同类型的物体。

②虚拟现实中有些物体必须有自己的行为。其他图形建模系统往往只是构造静态的物体,或是简单地涉及诸如平移或旋转等形式。

③虚拟现实中的物体必须能够对观察者作出反应。也就是说,当观察者与物体进行交互时,物体不能忽视观察者的动作。

虚拟现实建模的特点同时也给相关的技术和软件提出了特别的需求,包括以下几方面:

①可重用性。虚拟现实中的物体是广泛的,往往在开发一个物体的几何和行为模型时会花费很大的精力,如果标准模型库可重用,那么就能够节省大量劳动。

②模型在交互过程中应当能够提供某种暗示,从而帮助交互能按意图进行。

③在构造物体集合的结构时,必须充分考虑到是否有利于表现物体的行为。

2.虚拟现实建模的技术标准

模型建立的好坏直接关系到整个虚拟现实系统的质量,因此对主要技术指标有一个较为细致的了解是建立一个完美模型的前提。评价虚拟环境建模的技术标准有以下几种。

(1)精确度

精确度是衡量模型表示现实物体精确程度的指标。

(2)显示时间

许多应用对显示时间有较大的限制。在交互式应用中往往希望响应时间越短越好。即使是在交互性要求不是特别高的CAD 应用中,若需要绘制大量物体时,每个物体的绘制时间也不能太长,否则系统的可用性会受到影响。

(3)操纵效率

模型显示是频度最高的一种操作,但还有一些操作需要尽可能提高效率。运动模型的行为必须能高效实现。

(4)易用性

希望建模技术能快速有效地说明一个复杂的几何体,并能很容易地同时控制几何体的每个细节。控制几何体的细节往往需要提供控制几何体每个顶点的功能,而对于复杂物体的控制,这种方式是十分耗时的,也是乏味的。于是,建模技术应提供不同的细节层次控制方法。

(5)广泛性

广泛性是指它所能表示的物体的范围。好的建模技术可以提供广泛的物体的几何建模和运动建模。

3.1.2 几何建模技术

几何建模是开发虚拟现实系统过程中最基本、最重要的工作之一。几何建模主要处理具有几何网络特征的几何模型的几何信息和拓扑信息。几何信息是指物体在欧氏空间中的形状(包括点、线、面)、位置和大小,例如顶点的坐标值、曲面数学表达式中的具体系数等;拓扑信息是指物体各分量的数目及其相互间的连接关系,它涉及表示几何信息的点、线、面之间的连接关系、邻近关系和边界关系等。

虚拟环境中的每个物体包含形状(物体的形状由构造物体的各个多边形、三角形和顶点等来确定)和外观(物体的外观则由表面纹理、颜色和光照系数等来确定)两个方面,因此用于存储虚拟环境中几何模型的模型文件也应该能够提供这两个方面的信息。

虚拟建模技术的三个常用指标为:交互式显示能力、交互式操纵能力和易于构造的能力,它们是评价一个虚拟环境建模技术水平的重要依据,该模型文件还应当包括这几种能力。

模型是用户生成图像显示给用户的,故对象的几何建模是生成高质量视景图像的先决条件。它是用来描述对象内部固有的几何性质的抽象模型,所表达的内容包括以下几个方面:

①对象中基元的轮廓和形状,以及反映基元表面特点的属性,例如颜色。

②基元间的连接性,即基元结构或对象的拓扑特性。连接性的描述可以用矩阵、树和图等表示。

③应用中要求的数值和说明信息。这些信息不一定是与几何形状有关的,例如基元的名称,基元的物理特性等。

几何建模技术从体系和结构的角度看,包括体素和结构两个方面。体素用来构造物体的原子单位,它的选取决定了建模系统所能构造的对象范围;结构用来决定体素如何组合以构成新的对象。

几何建模技术从结构的角度看,包括层次建模法和属主建模法。

(1)层次建模方法

层次建模方法利用树形结构来表示物体的各个组成部分,对模型的修改比较有利。层次建模方法采用的树形结构是对物体结构的自然描述,易于显示。

例如:手臂可以描述成由肩关节、大臂、肘关节、小臂、腕关节、手掌和手指构成的层次结构,而手指又可以进一步细分。在层次模型中,较高层次构件的运动势必改变较低层次构件的空间位置,例如:肘关节转动势必改变小臂、手掌的位置,而肩关节的转动又影响到大臂、小臂等。

(2)属主建模方法

属主建模方法的思想是让同一种对象拥有同一个属主,属主包含了该类对象的详细结构。当要建立某个属主的一个实例时,只要复制指向属主的指针即可。每一个对象实例是一个独立的节点,拥有自己独立的方位变换矩阵。属主建模方法的优点是简单高效、修改方便和一致性好。

例如:我们可为汽车模型建立一个轮子属主模型,每次需要轮子实例时,只要创建一个指向轮子属主的指针即可。通过独立的方位变换矩阵,便可以得到各个轮子的方位。

几何建模在 CAD 技术中具有广泛应用,也为虚拟环境建模技术研究奠定了基础。但由于几何建模仅建立了对象的外观,而不能反映对象的物理特征,更不能表现对象的行为,因此无法实现虚拟现实的一些其他特征。

3.1.3　物理建模技术

在虚拟现实系统中虚拟物体必须像真的一样,所以,几何建模的下一步就要考虑对象的物理特性,包括重量、惯性、表面硬度、柔软度和变形模式(弹性的还是塑性的)等。这些特征与对象的行为一起给虚拟世界的模型带来更大的真实感。

物理建模应用范围非常广泛,根据其应用对象的不同,大致可分为两类:一类用于表现人和动物,如人的行走、动物的运动等;另一类用于表现自然场景,如烟雾、火焰、织物和植物等。

分形技术和粒子系统就是典型的建模方法。

1.分形技术

分形技术,用于对具有自相似的层次结构的物体建模。客观自然界中的许多事物具有自相似的层次结构。所谓自相似性,是指局部与整体在形态、功能、信息、时间和空间等方面具有统计意义上的相似性。在理想情况下,这种层次是无穷的,并且适当地放大或缩小几何尺寸,整个结构并不改变。不少复杂的物理现象反映这类层次结构的分形。如图 3-1 所示为 Mandelbrot 在 1980年发现的整个宇宙以一种出人意料的方式构成自相似的结构图。图 3-1(a)所示为原始图 Mandelbrot 集合,图 3-1(b)所示是将图3-1(a)中的矩形框区域放大后的图形。

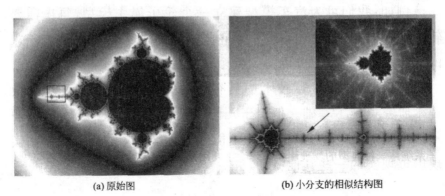

(a) 原始图　　　　　　　　(b) 小分支的相似结构图

图 3-1　Mandelbrot 集合

分形技术还可用于复杂的不规则外形物体的建模。例如弯曲的海岸线、起伏的山脉、粗糙的断面、变幻的浮云、满天的繁星、布朗粒子运动的轨迹以及树冠和花朵等。建模过程分为两步:第一步,H 分形。简单二叉树的推广,对物体进行分形,寻找树的树梢。第二步:迭代函数系统(Iterated Function Systems,IFS)。这是分形绘制的一种重要方法,基本思想是选定若干仿射变换,将整体形态变换到局部,这一过程可一直持续下去,直到得到满意的结果。也就是说,对第一步得到的树梢,选用迭代算法绘制完整的一棵树。图 3-2 所示为分形技术形成的图形。图 3-2(a)所示为原型,图 3-2(d)所示为分形技术产生的图形,图 3-2(b)和图 3-2(c)所示是中间图形。

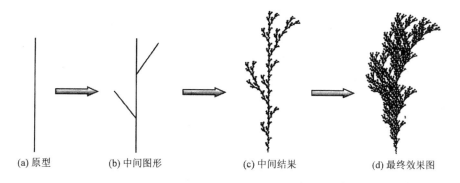

(a) 原型　　　　　(b) 中间图形　　　　　(c) 中间结果　　　　　(d) 最终效果图

图 3-2　分形技术产生的图形

分形技术的优点是采用简单的迭代算法就可以完成复杂的不规则物体建模。但不足之处在于迭代运算量太大,不利于实时显示。因此,在虚拟现实中一般仅用于对静态远景的建模。

分形技术的出现不仅影响了数学、理化、生物、大气、海洋以至社会等学科,并在音乐、美术间也产生了很大的影响。目前,分形技术在印染业、纺织业、装饰以及艺术创作等行业都有所使用。

2. 粒子系统

粒子系统,用于对有生命周期的、动态的、运动的物体建模。粒子系统是一种典型的物理建模系统,主要用来解决由大量按一定规则运动(变化)的微小物质(粒子)组成的大物质在计算机上的生成与显示的问题。

粒子系统是一个动态系统,由大量称为粒子的简单体素构成,每个粒子都具有位置、速度、颜色、加速度和生命周期等属性,即每个粒子都有着自己的生命值。除此之外,为了增加物理现象的真实性,粒子系统通过空间扭曲控制粒子的行为,对粒子流造成引力、阻挡和风力等影响。

典型的粒子系统循环更新的基本步骤包括 4 步。第一步:加入新的粒子到系统中,并赋予每一个新粒子一定的属性;第二步:删除那些超过其生命周期的例子;第三步:根据粒子的动态属性对粒子添加外力作用,如重力(Gravity)、风力(Wind)等空间扭曲,实现对粒子进行随机移动和变换;第四步:绘制并显示所有生命周期内的粒子组成的图形。

在虚拟现实环境中,粒子系统用于动态的、运动的物体建模。例如火焰、爆炸、烟、水流、落叶、云、雾、雪、灰尘、流星尾迹或者发光轨迹等现象。

3.1.4　行为建模技术

几何建模与物理建模相结合可以部分地实现虚拟现实"看起来真实,动起来真实"的特征,而要构造一个能逼真地模拟现实世界的虚拟环境则必须采用行为建模的方法。

行为建模主要针对各种自主地行为代理(agent),即行为代理的建模,它们具有一定的"智能"。

1. 行为代理的定义

行为代理是一个具有人的行为特征的三维角色。一组代理称为人群,它们具有群组行为。

Thalmann 认为虚拟环境的自主程度取决于各个行为代理的自主程度。这些代理具有 3 个自主级别:

①被指导的。这是最低级别的自主性。例如,一个被指导的代理从一个位置移动到另一个位置时需要用户指定路径;一个被指导的门需要由用户或代理控制它的开关等。

②程序控制的。

③自主的。这是最高级别的自主。一个自主的代理可以感知到周围虚拟环境中的信息,并决定沿哪条路径运动;一个自主的门可以控制自己的运动,甚至可以指导试图开门的代理。

完全自主的代理在采取正确的行动之前需要感知它们所处的环境。这种代理的行为模型包括情绪、行为规则和动作。代理的行为具有层次性。最底层是反射行为。基于情绪的行为比简单的反射行为的层次要高。可见,两个解释相同感觉数据的代理在仿真中会采取不同的行为。

2.行为建模的方法

行为建模体现了虚拟环境建模的特征,其方法主要有基于数值插值的运动学方法与基于物理的动力学仿真方法。

(1)运动学方法

运动学方法是指通过几何变换(如物体的平移和旋转等)来描述运动。在运动控制中无需知道物体的物理属性。在关键帧动画中,运动是通过显示指定几何变换来实施的。即首先设置几个关键帧来区分关键的动作,然后其他动作可根据各关键帧通过内插等方法来完成。这里涉及线性插值、三次样条插值等插值技术。

运动学方法产生的运动是基于几何变换的,对于复杂场景的建模将显得比较困难。

(2)动力学仿真方法

动力学仿真方法是指通过物理定律而非几何变换来描述物体的行为。在该方法中,运动是通过物体的质量和惯性、力和力矩以及其他的物理作用计算出来的。

动力学仿真方法对物体运动的描述更精确,运动更加自然。与运动学方法相比,它能生成更复杂、更逼真的运动,而且需要指定的参数较少;但缺点为计算量很大,难以控制。

3.行为代理的建模

20 世纪 90 年代初，MIT 媒体实验室开发了表现反射行为的代理 Dexter，它可以通过编程实现与用户的握手。其具体过程是这样的：反射行为被分配到模型的各个部分；用户手部的数据通过 VPL 数据手套采样，VPL 数据手套控制一只虚拟手；一旦发生虚拟握手，用户可以控制 Dexter 胳膊；如果用户移动到右边，Dexter 的整个胳膊都会发生转动。同时，为了进一步提高仿真的真实感，代理的头部还可以朝用户方向移动。此外，能识别和模拟用户动作的代理等是更复杂的反射行为的例子。

3.1.5 虚拟现实的建模软件

用于 VR 系统中建模的工具软件有多种，这里对 3ds Max、Maya 及 Creator 等常见的几种进行简单介绍。

3ds Max 是由美国 Autodesk 公司推出的一款功能强大的三维动画渲染和制作软件，其销量在世界处于领先地位。它集三维建模、材质制作、灯光设定、摄像机使用、动画设置及渲染输出于一身，提供了三维动画及静态效果图全面完整的解决方案。3ds Max 凭借自身强大的建模功能、简捷高效的制作流程以及丰富的插件等优势，一直是虚拟现实系统在三维建模时的首选工具。

Maya 是由 Autodesk 公司出品的另一款世界顶级的建模、动画、特效和渲染软件，可制作引人入胜的数字图像、逼真的动画和非凡的视觉特效。相对于 3ds Max 来说，Maya 的优势表现为功能完善、简单易学、灵活、高效，更侧重于电影特技、大型游戏、数字出版、广播电视节目制作等方面。

Creator 是由 MultiGen-Paradigm 公司出品的一款交互式三维建模软件。它拥有多边形建模、矢量建模和大面积地形精确生成等功能，不仅能够创建三维地形和模型，而且可以高效、最优化地生成实时三维数据库。Creator 生成的 OpenFlight 数据格式，能够被多个专业虚拟现实开发软件包（如 VEGA、OpenGVS 等）调用。该软件应用的领域为视景仿真、模拟训练、城市仿真及交互式游戏等。

3.2　真实感实时绘制技术

要实现虚拟现实系统中的虚拟世界，仅有立体显示技术是远远不够的，虚拟现实中还有真实感与实时性的要求，也就是说虚拟世界的产生需要真实的立体感，同时必须实时生成，这就出现了真实感实时绘制技术的使用。

3.2.1　真实感实时绘制技术基本原理

真实感绘制是指在计算机中重现真实世界场景的过程。其主要任务是要模拟真实物体的物理属性，即物体的形状、光学性质、表面的纹理和粗糙程度，以及物体间的相对位置、遮挡关系等。

实时绘制是指利用计算机为用户提供一个能从任意视点及方向实时观察三维场景的过程。它要求当用户视点发生变化时，所看到的场景需要及时更新，即要保证图形显示更新的速度必须跟上视点的改变速度，否则就会产生迟滞现象。

一般来说，当场景很简单时，要实现实时显示并不困难。但事实是，为了得到逼真的显示效果，场景的复杂程度往往是很高的。同时，系统往往还要对场景进行光照明处理、反混淆处理及纹理处理等，这就对实时显示提出了很高的要求，对传统的绘制技术也提出了严峻的挑战。虚拟现实系统要求的是实时图形生成,就目前计算机图形学水平而言很难完成此项任务,因此,就需要降低虚拟环境的几何复杂度和图像质量,或采用其他技术来提高虚拟环境的逼真程度。

3.2.2 基于图形的实时绘制技术

三维立体图较之二维图形包含有更多的信息,为达到实时性的要求,一般来说,要保证图形的刷新频率不低于 15Hz/s,最好是高于 30Hz/s。

有些性能不好的虚拟现实系统会由于视觉更新等待时间过长产生用户的头已移动而场景没及时更新,当头部已经停止转动而刚才延迟的新场景显示出来的情况,这不但大大降低了用户的沉浸感,严重时还会使人产生头晕、乏力等现象。这就需要在硬件方面采用高性能的计算机,提高计算机的运行速度,从而提高图形显示能力。

此外,还有一个经实践证明非常有效的方法是降低场景的复杂度。目前,降低场景的复杂度,提高三维场景的动态显示速度的常用方法有预测计算、脱机计算、场景分块、可见消隐、细节选择等,

1. 预测计算

预测计算是指根据各种运动的方向、速率和加速度等运动规律,如人手的移动,使用预测、外推法的方法,在下一帧画面绘制之前推算出手的跟踪系统及其他设备的输入,从而减少由输入设备带来的延迟。

2. 脱机计算

VR 系统是一个较为复杂的多任务模拟系统,在实际应用中,为提高需要运行时的速度,尽可能将一些可预先计算好的数据

(如全局光照模型、动态模型的计算等)预先计算并存储在系统中是很有必要的。

3.场景分块

场景分块是指将一个复杂的场景划分成若干个相互之间几乎不可见或完全不可见的子场景。通过对不可见的物体和部分可见的物体上的不可见部分进行剪切,可以减少计算量。首先要剪切不可见的物体,其次是剪切部分可见的物体上的不可见部分。

例如,把一个建筑物按楼层、房间划分成多个子部分。此时,观察者处在某个房间时只能看到房间内的场景及门口、窗户等与相邻的其他房间。虚拟环境在可视空间以外的部分被剪掉,有效降低了场景的复杂度,减少了计算工作量。

常见的方法是采用物体边界盒子判定可见性,是为减少计算复杂性采用的近似处理。具体有以下几种算法:Cohen-Sutherland 剪切算法、Cyrus-Beck 剪切算法、背面消除法。

场景分块技术与用户所处的场景位置有关,但是,这种方法对封闭的空间有效,而对开放的空间则不适合使用。

4.可见消隐

可见消隐是指在三维场景的绘制中,基于给定的视点和视线方向,决定场景中哪些物体的表面是可见的,哪些物体是被遮挡不可见的。

一般采用的措施是消除隐藏面算法(消隐算法)从显示图形中去掉隐藏的(被遮挡的)线和面。常见的有画家算法、扫描线算法、Z-缓冲器算法(Z-buffer)等。

可见消隐技术与用户的视点关系密切。使用这种方法,系统仅显示用户当前能“看见”的场景。因此,当用户仅能看到整个场景中很小的部分时,适用此法;而当用户“看见”的场景较复杂时,这些方法就不大适用了。

5.细节选择

在有些情况下,即使采用了上述场景分块和可见消隐方法,用户"看见"的场景仍然会相当复杂,为此,出现了细节选择方法(Level of Detail,LOD)。细节选择是一种应用较为普遍的方法。

所谓细节选择,是首先对同一个场景或场景中的物体,使用具有不同细节的描述方法得到的一组模型;在实时绘制时,对场景中不同的物体或物体的不同部分,采用不同的细节描述方法,对于虚拟环境中的一个物体,同时建立几个具有不同细节水平的几何模型。

对物体细节的选择越精细,模型也就越复杂。VR系统能够根据物体在屏幕上所占区域大小、用户视点等因素自动为各物体选择不同的细节模型。简单的模型具有较少的细节,计算量少;复杂(复杂)的模型具有较多的细节,计算量相对较多。如果一个物体离视点比较远(即在视场中占有比例较小)或者物体比较小,可以采用较简单的模型绘制;反之,就必须采用较精细的模型来绘制。同样的道理,对处于运动速度快或处于运动中的物体,采用较简单的模型;而对于静止的物体采用较精细的模型。根据不同情况下选用不同详细程度的模型,体现了显示质量和计算量的折衷。如图3-3所示为一个典型的LOD模型示例。

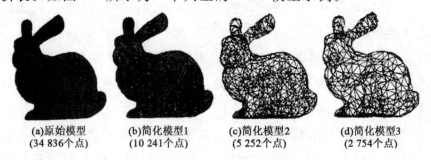

(a)原始模型　　　(b)简化模型1　　　(c)简化模型2　　　(d)简化模型3
(34 836个点)　　　(10 241个点)　　　(5 252个点)　　　(2 754个点)

图3-3　LOD示意图

从理论上来说,LOD 是一种全新的模型表示方法。该方法的优点是:封闭空间模型和开放空间模型都适用。缺点是:所需储存量大,有时会用到多个不同的 LOD 模型进行切换;离散的 LOD 模型无法支持模型间的连续、平滑过渡,对场景模型的描述及其维护要求较高。

尽管如此,细节选择仍然是一种很有发展前途的方法,目前已成为一个热门的研究方向,并受到世界范围内有关研究人员的重视。

3.2.3　基于图像的实时绘制技术

传统图形绘制技术均是面向景物几何而设计的,绘制过程涉及复杂的建模、消隐和光亮度计算。尽管通过一些技术手段可大大减少需处理景物的面片数目,但依然很难应对一些高度复杂的场景。因此,近年来,直接用图像来实现复杂环境的实时动态显示成为学者的研究热点。

基于图像的绘制(Image Based Rendering,IBR)技术就是为实现这一目标而设计的一种全新的图形绘制方式。该技术基于一些预先生成的图像(或环境映照)来生成不同视点的场景画面,省去了建立场景的几何模型和光照模型的过程,以及一些费时的计算。该方法很适合用于野外极其复杂场景的生成和漫游。

与传统绘制技术相比,基于图像的实时绘制技术有着鲜明的特点:

(1)图形绘制真实感强,整个过程都可以在二维空间中进行,绘制时间独立于场景复杂性,仅与所要生成画面的分辨率有关。

(2)预先存储的图像(或环境映照)既可以是计算机合成的,也可以是实际拍摄的画面,还可以是两者混合而成。

(3)计算量相对较小,对计算资源的要求不高,因而可以在普通工作站和个人计算机上实现复杂场景的实时显示。

IBR 技术是新兴的研究领域,它将改变人们对计算机图形学的传统认识,从而使计算机图形学获得更加广泛的应用。全景技术和图像的插值及视图变换技术是基于图像绘制涉及的两种关键技术。

3.3　三维虚拟声音技术

虚拟环境的听觉效果应该具有以下特点:具有高度的逼真性;能以预定方式改变波形,作为听者各种属性和输出的函数;能消除所有不是虚拟现实系统产生的声源,在增强现实系统中,允许有现实世界的声音。

一套性能良好的三维声音系统将能使所有虚拟声音的体验与人们在现实生活中获得的经验相同。

3.3.1　三维虚拟声音的概念

虚拟现实系统中的三维虚拟声音与人们熟悉的立体声音存在差别,它使听者能感觉到声音是来自围绕听者双耳的一个球形中的任何地方。通常我们把在虚拟场景中能使用户准确地判断出生源的精确位置、符合人们在真实境界中听觉方式的声音系统称为三维虚拟声音。

虚拟现实系统中的声音具有以下作用:

①它是用户和虚拟环境的另一种交互方法,人们可以通过语音与虚拟世界进行双向交流,如语音识别与语音合成等。

②数据驱动的声音能传递对象的属性信息。

③增强空间信息。

综上所述,三维虚拟声音能够增强人们对虚拟体验的真实感。尤其是在空间超出了视域范围的情况下,它能提供给用户更强烈的存在感。

3.3.2　三维虚拟声音的特征

三维虚拟声音系统最核心的技术是三维虚拟声音的定位技术,它具有如下特征:

(1)全向三维定向定位特性

这是在三维虚拟空间中把实际声音信号定位到特定虚拟专用源的能力。它能使用户准确地判断出声源的精确位置,更加符合人们在真实境界中的听觉方式。

(2)三维实时跟踪特性

这是指在三维虚拟空间中实时跟踪虚拟声源位置变化或景象变化的能力。当用户头部转动或虚拟发声物体位置移动时,虚拟声源的位置也应随之变化,使用户感到真实声源的位置并未发生变化。

(3)沉浸感和交互性

沉浸感就是指加入三维虚拟声音后,能使用户产生身临其境的感觉并沉浸在虚拟环境之中,有助于增强临场效果。交互特性则是指随用户的运动而产生的临场反应和实时响应的能力。

3.3.3　语音识别技术

语音识别技术是指将人说话的语音信号转换为可被计算机程序所识别的文字信号,从而让计算机识别用户的语音命令甚至会话内容的技术。

语音识别一般包括参数提取、参考模式建立、模式识别等过程。话筒将声音输入到系统中,系统把声音转换成数据文件,语音识别软件以输入的声音样本与事先储存好的声音样本进行比较,系统在声音对比工作完成之后输入一个它认为最"像"的声音样本序号,从而判断开始所输入声音的意义,进而执行此命令。

建立识别率很高的语音识别系统是十分困难的。主要原因在于:在实际应用中,每个使用者的语音长度、音调、频率不同;甚至同一个人,在不同的时间、状态下念相同的声音,波形也不尽相同。人类针对这一问题研究出许多解决的方法,如傅里叶变换、倒频谱参数等,如今,语音识别系统已达到一个可接受的程度,并且识别度愈来愈高。

3.3.4　语音合成技术

语音合成技术是指用人工的方法生成语音的技术,当计算机合成语音时,应使听话人能理解其意图并感知其情感。因此,"语音"应当是可听懂的、清晰自然的、具有表现力的。在虚拟现实系统中,采用语音合成技术可提高沉浸效果,弥补视觉信息的不足。

一般地,实现语音输出有两种方法。

(1)录音/重放

首先要把模拟语音信号转换成数字序列,编码后暂存于存储设备中(录音),需要时再经解码,重建声音信号(重放)。

录音/重放的优点:可获得高音质声音,并能保留特定人的音色;缺点:所需要的存储容量随发音时间线形增长。

(2)文—语转换

这是一种基于声音合成技术的声音产生技术,是语音合成技术的延伸。它能把计算机内的文本转换成连续自然的语音流,可用于语音合成和音乐合成。采用这种方法输出语音的具体过程是这样的:首先需要预先建立语音参数数据库、发音规则库等;需要输出语音时,系统按需求先合成语音单元;然后再按语音学或语言学规则连接成自然的语流。

文—语转换的特点:参数库不随发音的时间增长而容量加

大,但规则库却随语音质量的要求而增大。

语音识别与语音合成技术结合使用,能够实现实验者与计算机所创建的虚拟环境之间简单的语音交流。尤其是当使用者的双手正忙于执行其他任务时,语音交流的功能就显得更为重要了。可见,这种技术在虚拟现实环境中具有突出的应用价值,在不远的将来必将真正实现人机自然交互,人机无障碍地沟通。

3.4　人机自然交互技术

虚拟现实技术的研究将消除人所处的环境和计算机系统之间的界限作为重要目标。人机自然交互,就是指在计算机系统提供的虚拟空间中,人可以使用眼睛、耳朵、皮肤、手势和语言等各种感觉器官直接与计算机发生交互。

3.4.1　手势识别技术

手势是一种较为简单、方便的交互方式,系统只需跟踪用户手的位置、手指的夹角等就有可能通过已接收的手势下达指令。目前,前面的章节中所讨论的数据手套就是能识别手势的典型交互设备。此外,采用摄像机输入手势则是一种更为先进的方法。

人类的手势多种多样,同一手势不同的用户做出时也存在着一定的差别,可见,经过优化的手势命令才能更好地被系统准确识别。经过不断地研究、归纳,人们将虚拟世界中常用的指令定义出了一系列的手势集合,如图 3-4 所示。

在手势语言的帮助下,参与者可以用手势表示前进或后退、拾取或释放等。对于导航、位置重置这些要求,手势语言使用起来也非常方便。另外,它还适用于一些快速但不要求很精确的三

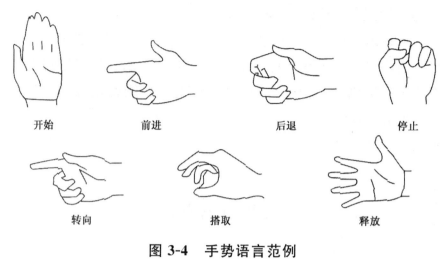

开始　　　　　前进　　　　　后退　　　　　停止

转向　　　　　　搭取　　　　　　释放

图 3-4　手势语言范例

维物体操作。总之,用户使用手势语言与虚拟世界之间的交互更加方便,因降低了对输入设备的额外关注,沉浸感更好。

3.4.2　面部表情识别技术

面部表情识别是人们相互间传递信息的重要手段。人脸识别是一项热门的技术,具有广泛的应用前景。人脸图像的分割、主要特征(如眼睛、鼻子等)定位以及识别是其主要难点。国内外有很多研究人员都在从事这一方面的研究,并提出了很多好的方法,但仍存在一些问题没有很好地解决。在虚拟现实系统中,面部表情识别技术还不太成熟。

一般人脸检测问题可以描述为:给定一幅静止图像或一段动态图像序列,从未知的图像背景中分割、提取、确认可能存在的人脸,若检测到人脸,则提取人脸特征。这对人类而言非常轻松的问题对计算机来说却相当困难。在某些可以控制拍摄条件的场合,将人脸限定在标尺内,此时人脸的检测与定位相对比较容易。而在另一些情况下,人脸在图像中的位置预先是未知的,这时人脸的检测与定位还将受到多种因素的影响,从而给正确的人脸检测与定位带来困难。

人脸检测的基本思想是建立人脸模型,比较所有可能的待检测区域与人脸模型的匹配程度,从而得到可能存在人脸的区域。一般来说,人脸检测方法分为两大类:基于特征的人脸检测方法和基于图像的人脸检测方法。

(1)基于特征的人脸检测

基于特征的人脸检测直接利用人脸信息,比如人脸肤色、人脸的几何结构等。这类方法大多用模式识别的经典理论,应用较多。

该方法又涉及轮廓规则、器官分布规则、肤色纹理规则、对称性规则、运动规则等。这些规则为基于特征的人脸检测提供很好的依据。

(2)基于图像的人脸检测方法

基于图像的人脸检测方法并不直接利用人脸信息,而是将人脸检测问题看做一般的模式识别问题,将待检测图像直接作为系统输入,然后直接利用训练算法将学习样本分为人脸类和非人脸类,检测人脸时只要比较这两类与可能的人脸区域,即可判断检测区域是否为人脸。

通常使用的方法有神经网络方法、特征脸方法、模板匹配方法等。这几种方法各有优劣,能够很好地帮助进行人脸检测。

3.4.3　视线跟踪技术

在现实世界中,人们能够在不转动头部的情况下仅通过视线移动来观察一定范围内的环境或物体。在虚拟现实系统中为了达到这一效果,引入了视线跟踪技术(Eye Movement-based Interaction),又称眼动跟踪技术。

视线追踪的基本工作原理如下:利用图像处理技术,使用能锁定眼睛的特殊摄像机,通过摄入从人的眼角膜和瞳孔反射的红外线连续地记录视线变化，从而记录和分析视线追踪过程。

视线作为交互装置最直接的用处就是代替鼠标器作为一种指点装置。计算机若能"自动"将光标置于用户感兴趣的目标上，将会使交互变得更为直接，这也正是视线跟踪技术的目标。

简要介绍目前几种主要的视线追踪技术及特点：

①眼电图（EOG）。高带宽，精度低，对人干扰大。

②虹膜—巩膜边缘。高带宽，垂直精度低，对人干扰大，误差大。

③角膜反射。高带宽，误差大。

④瞳孔—角膜反射。低带宽，精度高，对人无干扰，误差小。

⑤接触镜。高带宽，精度最高，对人干扰大，不舒适。

视线跟踪技术一方面弥补了头部跟踪技术的不足，另一方面还简化了传统交互过程的步骤，使交互更为直接。目前该技术多被用于军事（如飞行员观察记录）、阅读以及帮助残疾人进行交互等领域。

如今，该项技术还面临两大问题需要解决：

①该项技术面临的一个问题就是要有效地滤除干扰信号，提取有意眼动的数据。从视线跟踪装置得到的原始数据必须经过进一步的处理，从而提取出用于人机交互所必需的眼睛定位坐标，才能用于人机交互。而人眼存在的固有抖动会造成数据的中断。

②该项技术面临的另一个问题就是要避免所谓的"米达斯接触（Midas Touch）"问题。有时候用户只是希望随便看看，并不希望每次转移视线都启动一条计算机命令，如果虚拟场景总是随着用户的视线移动是不符合使用者意愿的。理想的情况应当是：系统要在用户希望发出控制时，及时地处理其视线输入，而在相反的情况下则忽略其视线的移动。实际上，这样的区分是不可能的，只能是结合实际的应用场合采取特殊的措施进行配合（例如使用键盘或语音加以辅助）。

3.4.4　触(力)觉反馈传感技术

触觉(力觉)是运用先进的技术手段将虚拟物体的空间运动转变成特殊设备的机械运动,用户不但能感觉到物体的表面纹理还能够体验到真实的力度感和方向感,从而提供一个崭新的人机交互界面。

在虚拟现实系统,对于一个物体,用户应当能够看到它,听到它,并能够触摸它,从而全面地了解它。这样有助于提高 VR 系统的真实感和沉浸感,有利于虚拟任务执行。如果没有触觉(力觉)反馈,操作者将无法感受到被操作物体的反馈力,也就得不到真实的操作感。

触摸感知是指人与物体对象接触时的感觉,包括有触摸感、压感、振动感、刺痛感等。它包括触摸反馈和力量反馈所产生的感知信息。触摸反馈一般指作用在人皮肤上的力,它反映了人触摸物体的感觉,侧重于人的微观感觉;而力量反馈是作用在人的肌肉、关节和筋腱上的力,侧重于人的宏观、整体感受,尤其是人的手指、手腕和手臂对物体运动和力的感受。例如,用手拿起一个物体,通过触摸反馈感觉到的是它的粗糙或坚硬等属性,而通过力量反馈,感觉到的是它的重量。

就目前来说,有关触觉与力反馈的研究相当困难,这主要是因为人的触觉相当敏感,一般精度的装置根本无法满足要求。现阶段大多数虚拟现实系统的研究主要集中并停留在力反馈和运动感知上面,而对于真正的触觉绘制并没有取得成熟的研究成果。虽然目前已研制成了一些触摸/力量反馈产品,但多数还是粗糙的、实验性的,距离真正的实用尚有一定的距离。

3.5 实时碰撞检测技术

碰撞检测问题在计算机图形学等领域中有很长的研究历史。近年来,随着虚拟现实等技术的发展,实时碰撞检测技术已成为一个研究的热点。碰撞检测是虚拟现实系统研究的一个重要技术。精确的碰撞检测对于提高虚拟环境的真实性、增加虚拟环境的沉浸性发挥着重要作用。而在虚拟世界中虚拟环境的几何复杂度大大提高了碰撞检测的计算复杂度,再加上虚拟现实系统较高的实时性要求,使得碰撞检测成了虚拟现实系统与其他实时仿真系统的瓶颈。

3.5.1 碰撞检测技术的要求和实现方法

1. 碰撞检测的要求

在虚拟现实系统中,为了保证虚拟世界的真实性,碰撞检测须有较高实时性和精确性。

(1)实时性

基于视觉显示的要求,碰撞检测的速度一般不得低于 24Hz;而基于触觉要求,碰撞检测的速度至少要达到 300Hz 才能维持触觉交互系统的稳定性,只有达到 1000Hz 才能获得平滑的效果。

(2)精确性

精确性的要求取决于虚拟现实系统在实际应用中的要求。例如,对于小区漫游系统,只要近似模拟碰撞情况都可以将其当作真实发生了碰撞,并粗略计算其发生的碰撞位置;而对于如虚拟手术仿真、虚拟装配等系统,就必须精确地检测是否发生碰撞,并实时地计算出碰撞发生的位置,以及相应产生的反应。

2.碰撞检测的实现方法

对两个几何模型中的所有几何元素进行两两相交测是最原始的、最简单的碰撞检测方法。而面对复杂度很高的模型时,这种方法的计算量过大,很显然会使相交测试变得十分缓慢。这显然无法满足虚拟现实系统等的要求。

对两物体间的精确碰撞检测的加速实现,现有的碰撞检测算法主要可划分为两大类:层次包围盒法和空间分解法。这两种方法都能尽可能地减少需要相交测试的对象对或是基本几何元素对的数目。

(1)层次包围盒法

层次包围盒法以三维形体的边界表示法为基础,是解决碰撞检测问题固有时间复杂性的一种有效的方法。层次包围盒方法应用得较为广泛,适用复杂环境中的碰撞检测。

层次包围盒法的基本思想是利用体积略大而几何特性简单的包围盒来近似地描述复杂的几何对象,并通过构造树状层次结构来逼近对象的几何模型,从而对包围盒树进行遍历的过程中通过包围盒的快速相交测试来及早地排除明显不可能相交的基本几何元素对,快速剔除不发生碰撞的元素,只对包围和重叠的部分元素进行进一步的相交测试,从而可大大减少不必要的相交测试,加快碰撞检测的速度,提高碰撞检测效率。

包围盒类型的选取直接关系到该方法的效率和准确性。比较典型的包围盒类型有沿坐标轴的包围盒 AABB、包围球、方向包围盒、固定方向凸包等。

(2)空间分解法

空间分解法由于存储量大且灵活性不好,使用不如包围盒层次法广泛,它通常适用于稀疏的环境中分布比较均匀的几何对象间的碰撞检测。

空间分解法的基本思想是将整个虚拟空间沿 x、y、z 轴划分成相等体积的一系列小的单元格,只对占据同一单元格或相邻单元格的几何对象进行相交测试。适当选择划分单元格的尺寸大小能够使算法保持一定的准确度又不至于开销太大。

比较典型的方法有 K-D 树、八叉树和 BSP 树、四面体网、规则网等。

3.5.2　面向凸体的碰撞检测技术

面向凸体的碰撞检测算法大体上又可分为两类:一类是基于特征的碰撞检测算法,另一类是基于单纯形的碰撞检测算法。

1.基于特征的碰撞检测算法

顶点、边和面称为多面体的特征。基于特征的碰撞检测算法主要通过判别两个多面体的顶点、边和面之间的相互关系从而进行它们之间的相交检测。

所有基于特征的方法基本上都源自于 Lin-Canny 算法。Lin-Canny 算法通过计算两个物体间最邻近特征的距离来确定它们是否相交。该算法利用了连贯性来加快相交检测的速度。当连续的两帧之间最邻近特征没有发生明显变化时,可通过将当前的最邻近特征保存到特征缓存中来加快下一帧的相交检测速度;当最邻近特征发生了变化后,算法依据特征的 Voronoi 区域先查找与下一帧中保留特征的相邻特征,以此提高查找效率,从而提高相交检测的效率。图 3-5 显示了一个物体的顶点、边和面所对应的 Voronoi 区域。Lin-Canny 算法的不足在于不能够处理刺穿多面体的情况,当面对刺穿时,算法会进入死循环。

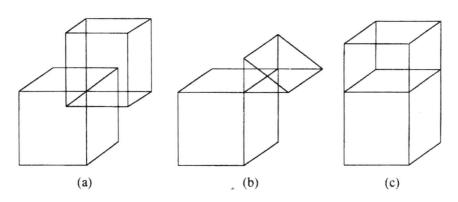

(a)　　　　　　　　(b)　　　　　　　　(c)

图 3-5　一个物体的顶点、边和面所对应的 Voronoi 区域

I-Collide 是以 Lin-Canny 算法为基础的，它结合了时间连贯性的一个精确的碰撞检测共享库，可用于由凸多面体构成的模型，并能够处理多个运动物体组成的场景。

V-Clip(Voronoi-Clip)算法解决了 Lin-Canny 算法的局限性，它能处理刺穿情况，不需要用容错阈值来调整，且不会有死循环的现象。此外，它还具有特例情况少，实现简单；既可以处理凸体，也可以处理非凸体，甚至还可以处理不连通的物体等优点。

SWIFT(Speedy Walking ViaImproved Feature Testing)算法是对基于 Voronoi 区域的特征跟踪法和多层次细节表示两种技术的结合使用。其优点是适用于具有不同连贯性程度的场景，并能够提高碰撞检测的计算速度，算法速度更快、更强壮。缺点是少数情况下还是会陷入死循环，一般只处理凸体或由凸块组成的物体，不能求出刺穿深度。

SWIFT＋＋算法是对 SWIFT 算法进行扩展得到的。它的性能更加可靠，不受场景复杂度的影响；能处理任意形状物体间的碰撞检测；除了可返回两物体对的相交检测结果，还可计算出最小距离和确定相交部分的信息(如点、边、面等)。但不足是仍不能求出刺穿深度。

2.面向单纯形的碰撞检测算法

面向单纯形的碰撞算法是与基于特征的算法相对应的一类算法，又称为 GJK 算法。GJK 算法以计算一对凸体之间的距离为基础。GJK 算法的主要优点在于除了可检测出两物体是否相交，还能返回刺穿深度。

GJK 增强算法（Enhanced GJK）是对上述算法的进一步改进，它引入了爬山思想（Hill Climbing），提高了算法效率。该算法性能与 I-Collide 和 V-Clip 算法性能相近，能够在常数时间内计算出两凸体对之间的距离；在时间复杂度上它基本和 Lin-Canny 相同，但克服了 Lin-Canny 算法主要的弱点。

SOLID（Software Library for Interference Detection）算法也是一个基于 GJK 的碰撞检测算法。它不但采用了 GJK 的基本思想，还结合了基于 AABB 的掠扫和裁剪的增量剔除技术，并通过缓存上一帧中物体对的分离轴，利用帧与帧的连贯性来判别潜在的相交物体对，以提高算法效率。

所有面向凸体的算法本身对凸体特别有效，但是随着物体非凸层次增加，它们的检测速度会迅速下降。因此，此类算法更适用于对包含少量凸体的场景进行实时碰撞检测。

3.5.3 基于一般表示的碰撞检测技术

碰撞检测算法中有不少是专门面向某种具体表示模型而设计的，并且面向特定表示模型的碰撞检测算法一般有其特殊的应用领域。例如面向 CSG 表示模型的碰撞检测算法和面向参数曲面的碰撞检测算法，它们检测速度较慢，但一般比较精确，多用于 CAD 应用中；面向体表示模型的碰撞检测算法，它可以对物体的内部进行处理，并能够达到较快的检测速度，在虚拟手术中较常用，也有用于触觉反馈中的。现在对它们分别进行分析。

1. 面向 CSG 表示模型的碰撞检测算法

CSG(Constructive Solid Geometry)表示模型用一些基本体素(如长方体、球、柱体、锥体和圆环等),通过集合运算(如并、交和差等操作)来组合形成物体。CSG 表示的优点之一是它使得物体形状的建构更直观。

面向 CSG 表示模型的碰撞检测算法一般包括三个部分:第一部分,求出 CSG 树的每个节点的包围体,用于快速确定可能的相交部分;第二部分,对所有 CSG 树表示的物体创建类似八叉树的层次结构,采用这种结构找到同时包含两物体体素的子空间;第三部分,检测子空间中基本体素之间的相交关系。

Su 算法是在预处理阶段首先将 CSG 表示模型转化为边界表示模型,然后将两种表示混合,进而提高算法效率。该算法结合了包围体技术的快速性和基于多边形表示相交检测的精确性来提高碰撞检测算法效率。

Poutrain 等提出的一种混合边界表示的碰撞检测算法利用了包括 CSG 在内的多种表示方法,将包围体、层次细分和空间剖分等技术融合起来实现实时碰撞检测。

2. 面向参数曲面的碰撞检测算法

面向 NUBRS 表示凸体的碰撞检测算法借助"支持映射"(Support Mapping)来求出两凸体之间的距离。"支持映射"可以通过给定的支持函数(Support Function)和方向获取两个凸体之间的最小距离,并返回两物体距离最近的两个顶点,如图 3-6 所示。正是这一思想的引入提高了 NUBRS 曲面表示物体间的碰撞检测速度。

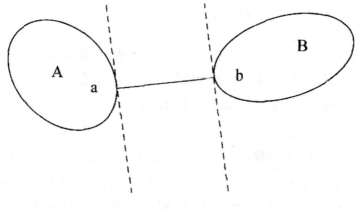

图 3-6 支持映射示例

3.面向体表示模型的碰撞检测算法

体表示模型用简单体素来描述物体对象的结构,其基本几何构件一般为立方体或四面体,一般用于软体对象的几何建模,由于拥有对象的内部信息,能表达模型在外力作用下的变化特征(变形、分裂等),但其计算时间和空间复杂度也相应增加。

一方面由于体表示模型可以表示物体内部的相关数据,因此面向体表示模型的碰撞检测算法通常用于虚拟手术;另一方面由于体表示模型的简单性,因此该算法还可用于对碰撞检测算法速度要求极高的应用,如面向触觉反馈的碰撞检测计算。对于计算要求非常高的碰撞检测,为提高碰撞检测的速度,可以考虑采用结合具体场景的特点或牺牲精度的办法来加速算法。

Voxelmap Point Shell 是一种相当快速的面向触觉反馈的实时碰撞检测算法。该算法将整个场景先均匀分割为小的立方体(即体素),然后把场景中静止的部分组织为一个类似八叉树的层次结构树,同时从运动物体所占用的体素中获取点壳来表示运动物体。通过判断点壳上的点是否位于包含静止物体的体素之内就能够检测出运动物体是否与静止物体发生碰撞。该算法的优点是:能处理任意形状的物体,碰撞检测速度非常快且强壮;缺点是:不能有效处理含有大量运动物体的动态场景,且碰撞检测的精度也比较低。

3.5.4　基于层次包围体树的碰撞检测技术

物体的层次包围体树根据其所采用包围体类型的不同来区分,有层次包围球树、AABB(Axis Aligned Bounding Box)层次树、OBB(Oriented Bounding Box)层次树,k-dop(Discrete Orientation Polytope)层次树混合层次包围体树等。图 3-7 给出了各种包围体二维示意图。

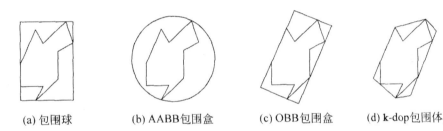

(a) 包围球　　　(b) AABB包围盒　　　(c) OBB包围盒　　　(d) k-dop包围体

图 3-7　包围体二维示意图

对应于每一类的包围体都有一个代表性的碰撞检测算法,下面分别对它们进行分析、讨论。

1.基于层次包围球树的碰撞检测算法

Palmer 等提出了一种层次包围球树的算法,该算法简单快速,一般分为 3 个阶段:首先,通过全局包围体快速确定处于同一局部区域中的物体;其次,依据一个基于八叉树建构的层次包围球结构来进一步判断可能的相交区域;最后,检测层次包围球树叶子节点中不同物体面片的相交情况。但是该算法在处理大规模场景时较为困难。

Hubbard 利用球体建构物体的层次包围球树,可以比较快捷地进行节点与节点之间的检测。但是存在不足之处,即包围物体不够紧密,建构物体层次树时会产生较多的节点,导致大量冗余的包围体之间的求交计算,影响效率。

Hubbard还提出了一种自适应时间步长的技术来解决离散碰撞检测算法可能出现的遗漏和错误检测的情况。该方法所采用的时空边界的四维结构,可以保守地估计出物体在后面可能的运动位置,当所有边界有重叠后,算法就会触发详细检测阶段进一步进行检测。

Hubbard还在详细检测阶段引入自适应精度,提出所谓可中断的碰撞检测算法(Interruptible Collision Detection Algorithm)。该方法允许在给定的时间内逐步提高碰撞检测的准确度,从而保证碰撞检测的计算速度。包围球之间的碰撞检测按层次树的层次逐步增加层次细节,同时算法在每个循环中遇到中断时就减少所有包围球树参加碰撞检测的层次个数,以此确保在指定的时间内快速给出可能不精确的结果。

O'Sullivan等在可中断碰撞检测算法方面进行了更深入的研究工作。该算法通过使用物理响应的优化方法得到最近似的相交信息,合理地降低碰撞检测精度来满足系统响应的时间要求。

2. 基于AABB层次包围盒树的碰撞检测算法

AABB(Axis Aligned Bounding Box)是指轴对齐包围盒,也称做矩形盒,它是一个表面法向与坐标基轴方向一致的长方体。AABB层次包围盒树是利用AABB构建的层次结构二叉树。AABB的建构比较简单,相互之间的求交也很快捷,但由于包围物体较松散,会产生较多的节点,导致层次二叉树的节点过多的冗余,增加了许多不必要的检测,反而影响算法效率。

为此,Bergen提出了一种有效的改进算法。该算法采用分离轴定理(Separate Axis Theorem)加快AABB包围盒之间的相交检测,同时又利用AABB局部坐标轴不发生变化的特性加速AABB树之间的碰撞检测。AABB树具有建构简单快速、内存开销少的特点,能较好地适应可变形物体实时更新层次树的需要,因此 Bergen 的这一算法又可用于可变形物体之间的相交检测。

Larsson 等针对可变形物体的碰撞检测问题提出了一种有效建构、更新层次包围盒树的方法。他通过在碰撞检测阶段结合自顶向下和自底向上的两种层次树更新策略来保证层次包围体树的快速更新,有效加快了变形物体之间碰撞检测的速度。

3. 基于 OBB 层次包围盒树的碰撞检测算法

OBB 是指有向包围盒,它是一个表面法向两两垂直的长方体,也就是一个可以任意旋转的 AABB。

Gottschalk 等在 1996 年提出了一种基于 OBB 层次包围盒树的碰撞检测算法,称为 RAPID 算法,目的是采用 OBB 层次树来快速剔除明显不交的物体。OBB 包围盒的优点是比 AABB 包围盒和包围球更加紧密地逼近物体,能比较显著地减少包围体的个数,从而避免了大量包围体之间的相交检测;但不足之处在于相交检测更费时。为此,Gottschalk 等提出了一种利用分离轴定理判断 OBB 之间相交情况的方法,可以较显著地提高 OBB 之间的相交检测速度。

不过,基于 OBB 层次包围盒树的碰撞检测算法无法用来判断两个三角面片之间的距离,只能得到二者的相交结果。此外,由于没有利用物体运动的连贯性,因此需要有预处理时间。该算法一般只适用于处理两个物体之间的碰撞检测。

4. 基于 k-dop 层次包围体树的碰撞检测算法

k-dop 包围体是指由 k/2 对平行平面包围而成的凸多面体,k 为法向量的个数。k-dop 包围体与其他包围体相比能更紧密地包围原物体,创建的层次树节点更少,求交检测时的冗余计算也更少。

Klosowski 等提出基于 k-dop 建构的层次包围体树来进行碰

撞检测。QuickCD 是基于该算法的共享软件包。随着法向量个数的增多,k-dop 包围体包围物体越紧密,而求交计算也更加复杂了。要寻找一个恰当个数的法向量来保证最佳的碰撞检测速度。

3.5.5　基于图像空间的碰撞检测技术

基于图像空间的碰撞检测技术一般首先将三维几何物体通过投影绘制到图像平面上得到一个二维的图像空间,然后分析该空间中保存的各类缓存的信息,进而检测出物体之间是否发生干涉。

由于各种条件的限制,基于图像空间的碰撞检测技术的发展一直较慢,近年来,随着图形硬件卡加速技术的快速发展,该技术取得了新的发展。

在基于图像控件的碰撞检测算法中,两物体间进行一次碰撞检测往往需要进行多次绘制。因此,加快绘制速度是提高该算法效率的关键。物体绘制加速技术的常用方法有多种,如 LOD、三角形带和基于图像的绘制等。通常我们采用三角形带技术来加速碰撞检测中的绘制过程,进而加速碰撞。

基于图像的碰撞检测算法能有效利用图形硬件绘制加速功能,减轻 CPU 计算负荷,达到提高碰撞检测效率的目的。如今研究者们开始思考如何把图形硬件作为一个协处理器为 CPU 提供更多的辅助功能,其中之一便是图形硬件辅助 CPU 进行实时碰撞检测。

图形硬件的发展预示着该算法具有广阔的发展前景。但是基于图像空间的碰撞检测技术还存在一些缺陷,例如:由于图形硬件绘制图像时本身固有的离散性会导致一定误差的产生,从而无法保证检测结果的准确性;多数情况下只能处理凸体之间的碰撞检测;需要合理地平衡 CPU 和图形硬件的计算负荷。

第4章 Web3D、全景与Cult3D等技术

Web3D(又称网络三维)技术是虚拟现实技术的一种实现形式,它是指基于 Internet 的、依靠软件技术实现的桌面级虚拟现实技术,是一种带有交互功能的、能实时渲染的网络上的三维。Web3D 技术的出现使得虚拟现实技术移植到 Internet 上成为现实。本章重点对 Web3D、全景、Cult3D、VRP、Unity3D 等技术进行分析探讨。

4.1 Web3D 技术

Web3D 技术的出现最早可追溯到虚拟现实建模语言VRML,在 2000 年,Web3D 组织完成了 VRML 到 X3D 的转换。X3D 标准整合了当时迅速发展的 XML、Java、流技术等先进技术,包括了更强大、更高效的 3D 计算能力、渲染质量和传输速度。

4.1.1 Web3D 技术的发展过程

由于受到多种因素的制约,如缺乏技术支持及合适的传播载体等,虚拟现实技术自提出以来一直到 20 世纪末才开始引起关注。

1991 年,Internet 技术的出现与应用为虚拟现实技术提供了

极好的条件,虚拟现实技术得以迅速发展。

1992 年,美国 SGI 公司(Silicon Graphics Inc)推出新一代三维计算机图形接口 Open Inventor,为虚拟现实技术提供了一个良好的机会。

1993 年 2 月,美国的 Mark Pesce 和 Tony Parsi 共同致力于计算机空间方面的工作,并受 HTML 浏览器的启发,共同设计了 Web 的 3D 接口。它是三维浏览器的原型,可用来浏览 Internet 的三维画面。

1994 年 5 月,Mark Pesce 和 Tony Parisi 在日内瓦举行的第一届 Internet 会议上介绍了他们开发的可在 Internet 上运行的虚拟现实界面。这引起由 Tim Berners 与 Dave Raggett 组织的一个 BOF(Birds of Feather)联谊会的强烈响应。Tim Berners 与 Dave Raggett 随后决定开始设计一种可以连接 Web 网络的场景描述语言,成功开发出一套 3D 浏览器——Labyrinth。

惠普公司欧洲研究实验室的 Rava Raggett 最早提出虚拟现实标记语言 VRML(Virtual Reality Markup Language),为此召开了一个关于虚拟现实技术的会议,VRML 在会议中获得大力支持。在这次会议上,大家还一致决定要制定一种能连接万维网的三维场景描述语言,其名称为"Virtual Reality Model Language"。

以 Mark Pesce 和 Tony Parisi 为主的相关人员在会议后成立了一个 mailing-list 组,讨论相关标准的制定。经过研究、讨论并最终决定采用 SGI 公司的 Open Inventor ASCII[①],这主要是因为它的文件格式完全支持有关三维场景的描述,另外还支持亮度、纹理和现实效果等多种图像处理特性。

1994 年 10 月,芝加哥召开的第二届 WWW 大会公布了

---

① 这是 SGI 推出的一种工具软件,便于程序员快速、简洁地使用各种类型的交互式 3D 图形程序,这种工具软件的编制是基于场景结构和对象描述概念和手段,这个语言的基础是文件格式。

VRML 1.0 的规范草案。其主要的功能是完成静态的 3D 场景，实现与 HTML 的链接。

与此同时，Open Inventor 的缔造者之一 Paul Smuss 为 VRML 开发了一个通用的语法分析器——"Qvlib"，它能把 VRML 文件从可读的文本格式转换成一种浏览器能理解的格式。它发布之后，各种各样的浏览器也随之不断涌现，如 SGI 公司的 Web Space 浏览器等。

1995 年秋季，SGI 公司又推出了配套的 VRML 写作工具 Web Space Author。这是一种 Web 创作工具，可在场景中交互地摆放物体，并改进场景的功能，利用它可以交互地构造场景，生成 VRML 文件。此时，VRML 结构组（VRML Architecture Group，VGA）相聚在一起，讨论制定 VRML 下一个规范的事宜。

VRML 1.0 最初的建立是相当仓促的，它所提供的只是标准物体，并不能实现互动。VRML 小组在此基础上讨论制定的 VRML 1.1 有了一定程度的提高。如在场景中增加了声音，支持最原始的动画文件，但这些新功能的改进并没有新的过人之处。VRML 语言需要经过一次彻底的改造。

在 1996 年春，VRML 委员会讨论了几种对 VRML 2.0 规范的建议，几经讨论、修改，最终 SGI 公司的"Moving Worlds"方案以高票率获得通过。1996 年 5 月，VAG 决定采纳这种方案作为 VRML 2.0 规范。

1996 年 8 月在新奥尔良（New Orleans）召开的 3D 图形技术会议 SIGGRAPH 96 上公布通过了 VRML 2.0 第一版的规范。它在 VRML 1.0 的基础上进行了很大的补充和完善。

1997 年 12 月，VRML 作为国际标准正式发布，并于 1998 年 1 月正式获得国际标准化组织 ISO 批准，简称 VRML 97。VRML 97 只是对 VRML 2.0 进行了少量的修正。

VRML 规范支持纹理映射、全景背景、雾、视频、音频、对象运动和碰撞检测等一切用于建立虚拟世界所应该具有的东西。但遗憾的是由于多种因素影响,如 Internet 对 3D 图形的需求并不急切,2D 图像仍在 HTML 文件中占主导地位;网络带宽仍然是 Internet 上的 3D 图形的主要瓶颈;网站的访问者必须先下载插件,然后再安装这个插件,才能观看一个十分粗糙的 3D 图形等,VRML 并没有得到预期的推广运用,远远没有达到期望值。

在随后的几年内,Internet 又有了高速的发展,并对图形、图像、视频技术的发展也产生新的需求,从而推进 Web 新技术的出现。但是 VRML 97 发布后,由于 VRML 协会没有及时推出 VRML 97 的下一代标准,许多公司并没有完全遵循 VRML97 标准而推出了自己专用的文件格式。这些软件各有特色,在渲染速度、图像质量、造型技术、交互性以及数据的压缩与优化上有都胜过 VRML 之处。据不完全统计,类似的软件有 60 多种。它们主要瞄准电子商务,为网上的电子商品或电子商场提供 3D 展示。

Web3D 图形的制作工具及实用程序很多,其功能一般都包括:创建或编辑三维场景模型;优化或压缩场景模型文件的大小;增加 Web3D 图形交互性;增加或改进 Web3D 图形的图像质量;文件加密。

1998 年,VRML 组织更名为 Web3D 组织,随后制订了新一代国际标准——Extensible3D(X3D)标准,完成了 VRML 到 X3D 的转换。X3D 整合了多种正在发展的先进技术,如 XML、Java、流媒体技术等,包括了更强大、更高效的 3D 计算能力、渲染质量和传输速度。

4.1.2　Web3D 的实现技术

建立模型是用户首先要做的事情,有一定的难度;显示是由软件通过计算机的运算完成的;交互功能的强弱由 Web3D 软件决定,用户可以通过编程来改善软件。

Web3D 实现技术分为三大部分,即建模技术、显示技术和三维场景中的交互技术。

1. 建模技术

目前,三维复杂模型的实时建模与动态显示技术分为两类:第一类为基于几何模型的实时建模与动态显示;第二类为基于图像的实时建模与动态显示。它是虚拟现实技术的基础。

(1)基于几何模型的实时建模与动态显示技术

一般,在计算机中建立的三维几何模型都是用多边形表示的。在给定观察点和观察方向以后,使用计算机的硬件功能能够实现消隐、光照及投影这一绘制的全过程,从而产生几何模型的图像。例如,Cult3D 就是众多的 Web3D 开发工具中采用的这一技术。

这一技术的主要优点是观察点和观察方向是可以随意改变的,人们能够沉浸到仿真建模的环境中,并充分发挥想象力,而不是只能从外部去观察建模结果。因此,它基本上能够满足虚拟现实技术的 3I 要求。

基于几何模型的建模软件很多,如 3ds Max 和 Maya 都是极为常用的。3ds Max 是大多数 Web3D 软件所支持的,可以把它生成的模型导入使用。

(2)基于图像的实时建模与动态显示技术

人们从 20 世纪 90 年代开始就在考虑该如何更方便地获取环境或物体的三维信息。人们希望能够用摄像机对景物拍摄完毕后,自动获得所拍摄环境或物体的二维增强表象或三维模型,这就是基于现场图像的 VR 建模。例如,Apple 的 QTVR 就是采用这一技术的。

在建立三维场景时,选定某一观察点设置摄像机。每旋转一定的角度便摄入一幅图像,并将其存储在计算机中。在此基础上实现图像的拼接,并对拼接好的图像实行切割及压缩存储,形成全景图。

这一技术具有广泛的应用前景,尤其适用于那些难以用几何模型的方法建立真实感模型的自然环境,以及需要真实重现环境原有风貌的应用。由此也可以看出,这一技术只能是对现实世界模型数据的一个采集,并不能够给 VR 设计者一个充分的、发挥自由想象的空间。

2. 显示技术

所谓显示技术,就是把建立的三维模型描述转换成人们所见到的图像。对于 Java 3D 技术,需要在客户端安装 Java 虚拟机;对于其他 Web3D 软件,需要在客户端安装相应的浏览器插件,就可以显示 Web3D 文件的图像。

3. 交互技术

网络的关键在于交互,Web3D 实现的用户和场景之间的交互是相当丰富的,而在交互场景中,实现用户和用户的交流也将成为可能。

4.1.3　Web3D 的发展方向及其应用前景

1. Web3D 的发展方向

(1) Web3D 图形的关键技术——实时渲染引擎

由于在网络上传送的只是三维对象和场景的模型,因此,Web3D 首先要解决的问题便是如何在客户端浏览器上实时地绘制出最初的三维场景和实体。

而解决这一问题的普遍方法是采用实时渲染引擎。Web3D 图形软件厂商目前的通常做法是把实时渲染引擎做成一个插件,在观看前先下载并安装在 IE 浏览器上。它的作用是解释并翻译实施场景模型文件的语法,实时渲染从服务器端传来的场景模型文件,在网页访问者的客户端上逐帧、实时地显示 3D 图形。

评价实时渲染引擎解决方案优劣主要通过文件大小、图形渲染质量、渲染速度以及交互性这四个方面。一般,好的解决方案要满足以下四标准,这同时也代表着 Web3D 的发展方向:

第一,文件尽量小。目前 Parallel Graphics 公司的 Cortona 是各种 VRML 浏览器插件中最小的,其安装文件仅有 1.56MB,不但能很好地支持 VRML97、NURBS,还支持多种自己需要的扩展功能,如键盘输入、拖放控制和 Flash 等。

第二,渲染质量尽量高。渲染的质量越高决定了最终绘制的三维场景和图形越真实。安装文件小,同时渲染质量高是 Web3D 技术发展的一个重要方向。

第三,渲染速度尽量快。自 Windows NT 3.51 在微机平台上支持 OpenGL 以后,微软公司在后续版本中连续提供 OpenGL 开发环境。支持 OpenGL 或微软公司的 Direct3D 是提高渲染速度和图形质量的关键,在这一点上 Web3D 图形与本地 3D 图形没有区别。

第四,交互性尽量便捷、友好。交互性是因特网 3D 图形的最大特色,只有实时渲染才能为此提供更好的支持,本地 3D 图形的预渲染是不能达到这一效果的。

(2)新一代 Web3D 图形——标准 X3D

X3D 定义了面向 Web 和广播的可交互的并集成了多媒体的 3D 内容。X3D 标准的发布为 Web3D 图形的发展提供了广阔前景,结束了当前 Web3D 图形的混乱局面。X3D 要成为一种集成 3D 图形和多媒体的通用格式。

①X3D 的设计目标。它为满足一套专门的市场和技术需求而开发的。为了满足这些需求,X3D 采用下述设计目标:分离的运行时架构和数据编码;支持包括 XML 在内的多种编码格式;添加了新的图形、行为和交互式的对象;具有可替换的进入 3D 场景的 API;将建筑模块分解为组件;定义了满足不同市场需求的说

明书子集；允许在不同服务等级下执行说明书；在可能的情况下，忽略未指明的行为。由于 X3D 是可扩展的，任何开发者都可以根据自己的需求扩展其功能。

②X3D 的关键技术。第一，X3D 采用 XML 作为其编程语言。XML 是一种元标记语言，很好地解决了可移植性、页面整合性等方面存在的问题，并且它还易于和下一代的网络技术整合，促进了 X3D 与下一代网络技术的紧密结合。第二，X3D 是把 VRML97 分解为组件，允许新组件的加入，实现了功能上的扩展。其具有以下优势：缩小的、轻量化的内核，能容易地实现 X3D，减少实现的复杂性，改善执行过程的可维护性；可扩展的特性能够实现新特性的加入，或者实现现有特性基础上新的扩展；将 Web3D Working Groups 联合起来，允许 VRML Working Groups 在内核之上、浏览器的基础上加入新的规格；资源占用更少。

2. Web3D 技术的应用前景

Web3D 有着广阔的应用前景，今后几年必将在互联网上占据重要地位，彻底改变人们对互联网世界的固有认识。

（1）电子商务领域

电子商务是目前因特网逐渐兴起并快速发展的一大领域。但是还有很大一部分人对这种购物方式并不是很接受，很难在看了某个产品的几张照片和几段说明后就下决心买下它。电子商务需要在网络环境下向访问者更加全面的展示产品。

Web3D 技术的应用可以以三维的表现方式，全方位地将产品虚拟地呈现在消费者眼前，人们可以从各个角度观察，甚至还可以亲手试用，以便对产品有更深入、全面的认识，进而决定是否购买。这种新奇的感受必定会为电子商务的发展带来新希望。

（2）教育领域

如今的教学已经不再是拘泥于单纯的书本、课堂，互联网的普及弥补了传统教学方式的许多不足，远程教学的兴起是这一变化下的必然产物,人们可以不受时间、空间的限制而自由地学习。不过网络上的一切并不能替代真实的体验。

Web3D 技术的应用可以使学习者沉浸到友好的虚拟学习环境中,如虚拟教室,体会先进技术带来的真实感受,从而获得良好的学习效果。另一方面,一些空间立体化的知识,如原子分子的结构、物体的碰撞等使用三维的图形、动画来演示将会取得很好的教学效果。三维形式的 CAI 网络课件必将随着 Web3D 技术的发展而成为主要的课件形式,并取得良好教育效果。

(3)娱乐与游戏领域

娱乐与游戏业具有很好的发展前景。动感的页面更能吸引浏览者的注意,三维的引入必将形成新一轮的视觉冲击。

Web3D 技术的应用能够让人类体会高科技带来的另类感受。自然景观的虚拟旅游、虚拟博物馆、虚拟海底、虚拟战场和虚拟飞行等都可以通过这一技术来实现。

(4)工程技术领域

目前在建筑、机械加工与设计、地理信息系统、生物和医学等很多工程技术领域,都用到了三维可视化设计与分析,但还只是局限于单机状态。

Web3D 技术在这些领域的运用必将带来新的革命,从而推动各领域的进一步发展。当然,除了上述领域外,Web3D 在其他的众多领域也得以运用,只要人们不受思想上的限制,Web3D 技术必将迎来巨大发展。

4.2　全景技术

三维全景(Panorama)也称为全景环视或 360°全景,它是全球范围内迅速发展并逐步流行的一种视觉新技术。具体来说,它通过运用数码相机对现有场景进行 360°环视拍摄,然后进行后期缝合,并用一个专用播放软件进行展示。三维全景的生成需要相应的硬件和软件结合。首先需要相机和鱼眼镜头、云台、三脚架等硬件来拍摄出鱼眼照片,然后使用全景拼合发布软件把拍摄的鱼眼照片拼合,并且发布成可以播放和浏览的格式。目前,全景技术有很好的发展前景,已被应用于房产展示、数字旅游、建筑和规划展示、网上展览等方面。

4.2.1　全景技术概述

1. 全景技术的特点

全景技术是一种基于图像绘制技术生产真实感图形的三维虚拟展示技术,是在 Internet 上展示标准 3D 图形的好工具,比较实用。全景技术的特点表现为:

①全景图片不是利用计算机生成的模拟图像,而是实景采集所得,通过拼接技术生成,有照片级的真实感,更加真实可信。

②全景的制作周期短,没有繁琐的建模过程;制作成本较低,更为经济;文件较小,下载速度快,使用十分方便。

③全景有一定的交互性,可以用鼠标或键盘控制环视的方向,进行上下、左右、远近浏览。

④一般不需要单独下载插件,自动下载一个很小的 Java 程序后就可以通过浏览器在 Internet 上观看全景照片。

如图 4-1 所示为紫檀博物馆(仿故宫角楼)的全景展示。

图 4-1　全景环视作品:故宫博物院

2.全景技术的分类

虚拟全景技术随着互联网的应用也表现出良好的发展势头。柱形全景是最为简单的全景虚拟。目前,全景技术不再局限于此,它已经发展到球形全景、立方体全景、对象全景和球形视频等。

(1)柱形全景

所谓柱形全景,即为以节点为中心的具有一定高度的圆柱形的平面,平面外部的景物投影在这个平面上,用户可以在全景图像中 360°的范围内任意切换视线,也可以在一个视线上改变视角来取得接近或远离的效果。也就是说,用户可以用鼠标或键盘操作环水平 360°(或某一个大角度)观看四周的景色,并放大与缩小(推拉镜头),但是如果用鼠标上下拖动,上下的视野将受到限制,向上看不到天顶,往下也看不到地底。如图 4-2 所示为柱形全景的实例图。

图 4-2 柱形全景的实例图

柱形全景照片一般采用标准镜头的数码或光学相机拍摄照片,其纵向视角小于 180°,显然这种照片的真实感不理想。但其制作十分方便,对设备要求低,应用较多,目前市场上比较常见的全景就是这种柱形全景。

(2)球形全景

所谓球形全景,即全视角,其视角为水平 360°,垂直 180°。用户可以通过鼠标、键盘的操作观察到任何一个角度。在观察球形全景时,观察者好像位于球的中心,能更好地融入到虚拟环境之中。如图 4-3 所示为球形全景的实例图。

图 4-3 球形全景的实例图

　　球形全景照片的制作比较专业,必须用专业鱼眼镜头拍摄照片,再用专用的软件进行拼接,做成球面展开的全景图像嵌入到网页中。球形全景在技术上实现较为困难。但其产生的效果好,有专家认为球形全景才是真正意义上的全景,并将其作为全景技术发展的标准,目前已经有很成熟的软硬件设备和技术。

　　(3)立方体全景

　　立方体全景是另外一种实现全景视角的拼合技术,视角与球星全景相同。不同的是,立方体全景保存为一个立方体的 6 个面。如图 4-4 所示为立方体全景的实例图。

图 4-4　立方体全景的实例图

　　立方体全景照片的制作比较复杂,首先拍摄照片时,要把上下、前后、左右全部拍下来①,再用专门的软件进行拼接,做成立方体展开的全景图像嵌入展示网页中。立方体全景技术打破了原有单一球形全景的拼合技术,可以更方便地对拼缝进行调节和处理,拼合出的全景具有更高精度和更高储存效率。

　　此外,对象全景是从分布在以一件物体为中心的立体 360°的

---

　　①　可以使用普通数码相机拍摄,但是要拍摄很多张照片,最后拼合成 6 张。

球面上的众多视点来看一件物体,从而生成该对象的全方位图像信息;球形视频生成的是动态全景视频,用户甚至可以通过它看到一些进行中的带音响效果的全景球类比赛,观众可随意转动。

全景技术的应用非常广泛,涉及电子商务、房地产行业、旅游业、展览业、宾馆酒店业和三维网站建设等领域。全景技术与GIS技术的结合可以让平面的GIS系统具有三维效果,若应用于数字城市的建设,将大大增强数字城市系统的真实性。但是,由于其交互性十分有限,它并不属于真正意义上的虚拟现实技术,应用及推广也在一定程度上受到影响。

3. 常见的全景技术软件

目前在全球从事全景技术的公司有很多,常见的全景软件数不胜数。下面对具有代表性的全景技术软件 QuickTime VR 和 IPIX 全景进行分析介绍。

（1）QuickTime VR

QuickTime Virtual Reality(QTVR)是美国苹果公司开发的新一代基于静态图像处理的、能够在微机平台上实现的初级虚拟现实技术。它是一种桌面型虚拟现实技术。

QTVR 技术是一种基于图像的三维建模与动态显示技术,它有视线切换、推拉镜头和超媒体链接三个基本功能。由于它不需要昂贵的硬件设备就可以产生相当程度的虚拟现实体验,因此具有广阔的发展前景。

QTVR 技术的优势在于:

第一,使用方便。用户无须配戴昂贵的特殊头盔、特殊眼镜和数据手套等,只需通过普通鼠标、键盘就可实现对场景的操纵。

第二,兼容性好。QTVR 无须运行于高速工作站,普通微机的操作系统平台都能提供支持,它还可以在 Internet 上发布。

第三,真实感强。QTVR 运用真实世界拍摄的全景图像来构建虚拟的现实空间,图像清晰、真实感强,生成的图像具有更丰富、更鲜明的细节。

第四,多角度观看。QTVR 提供了观察场景的多个视角,用户可以在场景中从各个角度观察一个真实物体。

第五,制作简单,周期短。QTVR 前期拍摄的设备很简单,一般只需要数码相机即可,制作流程主要是拍摄、数字化、场景制作,一个大型的场景制作一般也只需要几个月。

第六,数据量小。QTVR 采用了苹果公司独有的专利压缩技术,影片数据量极小,使得大小磁盘空间的存储量加大,用户对场景的操作更加快速。

(2)IPIX 全景

IPIX 全景图片技术是美国联维科技公司(IPIX)开发的一种图像浏览技术,最初应用于美国航空航天领域。它是利用基于 IPIX 专利技术的鱼眼镜头拍摄两张 180°的球形图片,再使用 IP-IX World 软件对两幅图像进行拼接,制作成一个 IPIX 360°全景图片的实用技术。该技术所生成的 360°全景图片清晰、逼真,可运行于互联网,用户可以通过鼠标上下、左右地移动任意选择自己的视角,或者任意放大和缩小视角,也可以对环境进行环视、俯瞰和仰视,从而产生如临其境的真实感受。

IPIX 全景图片技术是一个包括其自己开发和设计的全景合成软件 IPIX World① 和尼康镜头等设备在内的"整体解决方案",以让每个人都能够自己拍摄和制作全景照片为宗旨。IPIX 不但有自己的专有处理软件 IPIX Word,还提供自行开发的多媒体处理软件;数码相机使用 Nikon 公司专门设计的 Nikon CoolPix 系列;辅助硬件还有三脚架和旋转平台等。

---

① IPIX World 是一款"傻瓜型"全景合成软件,用户无须了解其核心原理,也无须对图像进行前、后期处理。

4.2.2 全景作品的制作

1. 全景作品的制作技术

三维全景技术是一种基于图像实时绘制技术生成真实感图形的虚拟现实技术。全景作品的制作技术包括图像拍摄技术、图像拼接技术和图像融合技术。

(1)图像拍摄技术

全景图的原始资料可以是使用特殊摄像设备拍摄获得，也可以是使用普通照相机拍摄获得。后一种方式比较大众化。

不同类型的全景图具有不同的拍摄方法，这里简单分析两种。第一种，定点拍摄，即将照相机固定在三脚架上并围绕照相机光心旋转向不同方向拍摄；第二种，多视点拍摄，即照相机可在不同位置拍摄，但一般只能进行水平移动。拍摄照片的数量则可能根据景物的距离和重叠画面的大小来决定，确保照片之间有20%～50%的重叠部分。

(2)图像拼接技术

图像拼接包括水平拼接、垂直拼接和水平垂直拼接三种类型，它是全景作品制作中的关键环节。由于采集照片序列类型的不同，进行图像拼接技术时需区别对待：

①图像序列取自同一视点的不同视角，重叠画面无缩放。这种情况下，进行图像拼接时只需确定重叠区域，将相临图像中对应的像素点对准，再进行平滑拼接即可。

②图像序列取自不同视点，重叠画面有缩放。这种情况下，进行图像拼接时需确定重叠区域和缩放比例，可以交互给出或自动求出每两幅图像之间的对应点，再用图像插值或视图变换的方法求出该物体对应于其他观察点的图像。

（3）图像融合技术

使用图像融合技术的目的是要保证拼接的两幅图像没有明显的拼接缝，并在亮度、色度、对比度上没有明显差别。

一般情况下，在重叠区域的边界上，两幅图像灰度上的细微差别会导致很明显的拼接缝，这时候可以在重叠区域采用渐入渐出的方法，将两幅图像的像素值按一定的比例合成到新图，由前一幅图像慢慢过渡到下一幅图像，从而使得到的图像能很好地兼顾清晰度和光滑度的要求。

2. 全景作品的制作过程

全景作品的制作过程大致为：首先使用照相机拍摄获取图像序列，然后将序列样本折叠变换并投影至观察表面如柱面、球面和立方体表面等，并将图像局部对准，最后由相关软件进行图像拼接整合生成可供浏览和交互的三维全景作品。

（1）前期设备准备

制作全景作品，相应的照片素材是必不可少的，而硬件设备的配置又决定着前期素材的质量。

一般采用以下硬件配置方法：

①三脚架＋云台＋光学相机＋鱼眼镜头＋扫描仪。这种方法相对成本较高，后期素材处理工作量较大，制作周期较长，适合传统的摄影爱好者。

②三脚架＋云台＋数码相机＋鱼眼镜头。这种方法成本低，一次可拍摄大量的素材供后期选择制作；制作速度较快，照片的删改及效果预览都十分方便，是最常见、且实用的一种方法。

③三维模型的全景导出。这种方法适用于某些不能拍摄或难于拍摄的场合，或者一些现实世界中尚不存在的物体或场景。

在实际操作中，设备之间还有一个相互配合的问题。

①数码相机。在全景作品制作时，数码相机和传统的光学相机都可以使用，二者各有优劣。若选择数码相机的成像像素在

400 万以上,则得到的图像质量较好,从而可得到较好的全景效果。需要说明的是,在球形全景作品的制作中必须采用可以外接鱼眼镜头的数码相机,常见的有 Nikon(尼康)Coolpix 系列等,也可以采用可换鱼眼镜头的数码单反相机,一般常见的单反机均可。

②鱼眼镜头。普通的 35 mm 相机镜头所能拍摄的范围约为水平 40°和垂直 27°,如果制作 360°×180°的全景图像会由于拼缝太多导致过渡不自然。因此,需要水平和垂直角度都大于 180°的超广角镜头。鱼眼镜头视角范围大,视角一般可达到 180°以上;焦距很短,能产生特殊变形效果,透视汇聚感强烈;景深长,有利于表现照片的大景深效果。可见,使用鱼眼镜头能轻松完成 360°×180°全景图的制作。常见的鱼眼附加镜有 Nikon 公司的 ni-kkor FC-E8、FC-E9,日本吉田工业公司的 RAYNOX 系列,常见的专业鱼眼镜头有 SIGMA 的 8 mm F4-EX,另外还有很多其他著名的品牌,这里不再列举。

③全景云台。这是专门用于全景摄影的特殊云台,其作用是保持相机的节点①不变。在拍摄鱼眼照片时,相机必须绕着节点转动,才能保证全景拼合的成功;否则拍摄鱼眼图像时将会产生偏移。球型和立方体全景就是设想以人的视点为中心的一个空间范围内的图像信息。全景云台分为两类:一类是专门为某种型号的相机而设计的专用型全景云台,如 Kandai 专门为 Nikon Coolpix 990 设计的 Kiwi990、上海杰图软件专门为 Nikon Coolpix 4500 设计的 JTS 4500;另一类为通用全景云台,如 Manfrotto(曼富图)302 QTVR。

④三脚架。它的作用是在拍摄多张全景照片时稳定照相机,保证相机的节点在旋转过程中保持不变。在全景拍摄中可采用通用型的三脚架。三角架可以有不同的选择,重量较轻的三脚架

---

① 所谓"节点"是指照相机的光学中心,穿过此点的光线不会发生折射。

携带方便,但会使拍摄效果得不到保证;为了使拍摄效果更好可以选择一些重量较重的三脚架;采用独脚架可避免因鱼眼镜头的视角过大而把三脚架拍摄到画面中,但技术操作更难掌握。

⑤旋转平台。旋转平台辅助拍摄,能保证旋转时围绕着物体的中心,从而获得对象物体的一系列多个角度图片。

(2)全景照片拍摄

拍摄全景照片是进行全景作品制作的第一步。

①柱形全景素材的拍摄。通常采用普通数码相机+三脚架即可完成。

具体拍摄步骤如下:将数码相机固定在三脚架上;将数码相机的变焦等调至标准状态,选择好景物后进行拍摄(取景点光线要适当,不可太亮或太暗),注意记下此时的光圈与快门数值,并将数码相机调整到手动状态;保持三脚架位置不动,将相机旋转一个角度进行第 2 张照片的拍摄,注意旋转时要保证相邻的 2 张照片重叠 15% 以上,且焦点、光圈等曝光参数保持不变;按照同样的方法继续拍摄,直到旋转 360°,拍摄完成。

②球形全景素材的拍摄。必须采用数码相机+全景云台+三脚架才能完成。通常采用 4+1 的方法,即水平拍摄 4 张,再拍摄 1 张天空。

具体拍摄步骤如下:安装好相关设备,将全景云台固定在三脚架上,安装好相机使其保持在水平位置;对节点进行左右调节和前后调节,记录下相关设置;调节白平衡,避免图像色温偏冷或偏暖;按下快门,完成第 1 张照片的拍摄,同样要注意光线适当并记下此时的光圈与快门值,将相机调整到手动参数状态,调整鱼眼镜头焦点到无穷远;保持同样的光圈和快门参数,拍摄第 2～4 张,注意四次拍摄转动一周,且每次角度相同;第 5 张是拍摄天空,光圈和快门参数不变,使相机竖直向上,注意将头置于拍摄范围之外;拍摄完成。

③对象全景素材的拍摄。通常采用普通数码相机+三脚架

即可完成。需拍摄一组照片(要求精度越高,需要拍摄的张数越多),且相邻两张照片须重叠 15% 以上。

具体拍摄步骤如下:将对象物体放在旋转平台上,确保旋转平台表面水平且物体的中心与转台的中心点一致;将相机固定在三角架上,使其中心的高度与被摄物体中心点位置同高;为便于后期图像处理,可在物体后面使用白色等背景;全景作品的用途确定拍摄照片的数量,然后在拍摄时,每拍摄一张照片,将旋转平台旋转一个角度(360/张数)。

(3)全景作品制作

①柱形全景作品制作。目前,Ulead 公司出品的 Cool 360 流传最为广泛,操作简单,适合初学者使用。

以该软件为例,介绍柱形全景作品制作过程:启动 Cool 360;使用"新建项目"按钮创建一个新的任务项目,并根据自己的创作意图选择"项目类型"(默认为创建 360°全景图,也可选择创建大幅面长拼接图),输入"项目名称"进行保存;根据需要,加入一组图片素材,可对加入的图片进行选择、编辑、排序等操作;从"相机镜头"列表中选择自己照相机镜头的类型,以便于软件模拟出真实的效果;对图片进行调整,包括旋转、透视、色调、饱和度、亮度、对比度等多项操作,从而解决拍摄过程中因为角度、光线等造成的一些问题;单击完成并查看最后效果,还可以选择多种输出方式。

②球形全景作品制作。常见的相关制作软件有上海杰图软件公司的造景师、北京全景互动科技有限公司的观景专家、美国公司的 PTGUI 等。

以 PTGUI 为例,介绍球形全景作品制作过程:启动 PTGUI,单击"Load images",根据需要,选择导入全景素材图片;导入后可以看到素材的缩略图;单击"Source Images"选项卡,可以对图片进行增加、删除等多项操作;单击"Crop"选项卡还可以对图片进行裁减;单击开始时界面上的"Align images"按钮对图片进行拼合,从而软件选项卡也随之增多;继续使用"Align panorama"按钮,在出现的"Editor Panorama"中可以对全景图进行调整;还可以进行其他的调整操作;单击"Create panorama",进行输出作品的大小、格式等的设置,最后完成创建全景图作品。

③对象全景作品制作。常见的相关制作软件有上海杰图软件公司的造型师、北京全景互动科技有限公司的环视专家等。

以 Object2VR 为例,介绍对象全景作品制作过程:启动 Object2VR;单击"Light Table"按钮对导入照片的表格进行设置,并通过"Add Images"导入素材图片;单击主界面的 Viewing Parameters 下的"Modify"按钮,在出现的界面中设置 Default Current (即当前显示的图片)和 Control(即控制方式);单击主界面的 User Data 下的"Modify"按钮,添加文件标题、作者信息等内容;在主界面上设置 New Output Format 的选项,根据自己需要自行设定;完成对象全景作品制作,输出结果。

4.3　Cult3D 技术

Cult3D 是瑞典的 Cycore 公司推出的一种全新的 Web3D 技术,目前已经在电子商务领域得到了广泛的推广、运用。该技术利用现有先进网络技术和强大的 3D 引擎在网页上建立互动的 3D 物件,从而使用户对物件有一个更清楚的认识。Cult3D 对硬件要求相对较低,即使是低配置的桌面或笔记本也能流畅浏览 Cult3D 作品。

4.3.1　Cult3D 技术概述

1.Cult3D 技术的特点

Cult3D 是一种强大的交互三维软件,主要面向的是电子商务,用户可通过在线浏览、观察或者与使用 Cult3D 技术开发的三维产品模型进行交互,从而得到近乎完美的视觉效果。

Cult3D 的文件体积非常小(一般为大约 20KB～200KB),无需长时间等待,用户就能领略到其神奇的效果。

Cult3D 有着优秀的三维材质表现,Web 浏览器只需安装 Cult3D Viewer 插件即可浏览。

Cult3D 文件可以嵌入网页、Office 文档、PDF 文档以及支持 ActiveX 的开发语言如 VB 等。对于协助提高电子商务销量、增强销售时的产品描述效果、做好售后服务有很大帮助。

Cult3D 的内核是基于 Java 的,也可以嵌入客户自己开发的 Java 类,因此交互和扩展性能更强。

Cult3D 可以在低带宽速率的连接条件下提供高品质的渲染质量,这一点对于钟表、电子消费品等的市场运作是非常重要的。

Cult3D 让用户仅通过使用鼠标就可以直接在三维物体上实现诸如拖动、旋转、放大、缩小等操作,进而从任意角度观察,通过单击模型的功能按钮就可以开启产品、移动部件,由于可在 Cult3D 物件中加入音效和操作指引,用户还可以聆听优美的音乐和清晰的解说。

Cult3D 是一个软环境引擎,对计算机没有附加的硬件要求,甚至不需用任何 3D 加速卡,用户使用桌面或笔记本即可随时观看 3D 模型动画。

综上所述,作为一种电子商务的传播方案,Cult3D 满足顾客能随时随地在网上触摸、感觉并且试一试产品能力的需求,实现了在任何 PC 平台上为用户提供欣赏到高质量 3D 图形和动画的机会。

2.Cult3D 技术的优势

(1)界面更人性化

Cult3D 人性化的界面可以轻松实现复杂的产品动作和用户

交互事件。它支持标准的后端系统和数据库界面,允许产品配置人员在线实施并和现有的数据库连接,页面上能即时显示产品属性、选件和价格的改变,并且这些用户配置可以存储到数据库中,为用户日后参考提供依据。

(2)输出效果质量更高

Cult3D 支持光线贴图、环境贴图,因此可以制作出真实的物体细节。Cult3D 还可以和 Java 结合制作出复杂的材质变化,例如半透明、折射、镜面反射甚至模拟光线追踪效果。Java 编写的引擎,可以调用 Java 的 class 实现实时阴影、顶点级动画(Vector)、矩阵级动画(Matrix)、碰撞检测(collision detection)等只有在 Java3D/G14Java 中才能表现的效果。

2001 年 2 月 15 日,Cycore 公司发布了 Cult3D 的 5.2 版本,①新版本在 Tooltips 和 Cult Objects(CO)上都有了提升。例如,使用 Tooltips,设计师可以实现在 3D 对象上出现提示文字,帮助用户操作。②新版本对 Intel Pentium 4 处理器进行了优化,借助 Intel 处理器的强大处理能力,可以加速多边形的渲染和 Cult3D 模型的生成,获得更高质量的图像。③新版本加强了自己在电子商务的交互三维软件领域中的领导地位。④Cult3D Viewer 精简了 70KB,确保可以更快地进行下载。

Cult3D 支持世界上的主流三维建模工具,其内建产品配置特征能够用于开发用户自主的三维产品配置解决方案。

4.3.2　Cult3D 的工作流程

Cult3D 的开发过程较为简单,只需要经过几步就可以完成一个 3D 作品的制作。

第一步:导出模型。Cult3D 本身并没有创建三维模型的能力,故采用第三方 3D 制作软件①建立好的三维模型或动画,完成建模后应导出 ∗.c3d 文件格式,以供 Cult3D 使用。注意:Cult3D软件包中提供了 3DS MAX 和 Maya 的插件使之能输出该文件格式,在选择插件时应对应于各种三维建模软件的版本。

第二步:加入交互事件。将 ∗.c3d 文件导入到 Cult3D 设计后,可以加入声音、事件等互动效果。用户如果不懂编程语言也可以很方便地制作想要的效果,因为 Cult3D Designer 已经将很多基本的命令模块化;用户如果精通 Java 还可以自己编写脚本,实现高级交互,不过要注意将文件保存成 Cult3D 工程文件的 ∗.c3d 格式,以便于日后修改。

第三步:输出 Internet 文件。选择 Cult3D Designer 的 File菜单下面的 Save Internet File 项,此时可以对模型的每一个物件的贴图和材质以及声音进行压缩,选择压缩方式,输出到网络中或者 Office、Acrobat 等应用程序中。

4.3.3 Cult3D 技术的典型应用领域

(1)电子商务和电子交易

Cult3D 之所以被开发,目的是为了在电子商务中显示"虚拟的产品"。它将展示功能集成到在线交易系统中,使消费者可以通过网络自由地观察、体验需要购买的商品,一方面可以增加商品销量,另一方面还可以提高用户的满意度。

(2)产品服务和培训

使用 Cult3D 技术的在线产品手册、FAQ 和基础训练等,能够有效地增加和改善产品演示和培训效果。

---

① 常见的有 3DS MAX、Maya 和 ImageModeler 等。在实际工作中,由于 3DSMAX 拥有较广泛的用户群,同时对硬件要求较低,故应用较多。

（3）产品的销售展示

Cult3D 可应用于发给潜在客户的产品介绍 Office 文档或者 PDF 文档中,能增加潜在客户对产品的认知程度和产品的演示效果,帮助更快地达成客户合作。

综上,Cult3D 可为出售和演讲时作为指南来使用。利用它还可以实现远程教学、网上演示解决方案、合作开发和设计等多个方面的内容。此外,用户利用 Cult3D 技术可以在线配置产品,自主地组合部件,在选择颜色和添加可选件后能够获得快速的视觉反馈;同时,这些选择都能够被存储,从而实现个性化配置服务。

4.4　VRP 技术

VRP,VR-Platform 的简称,是由中视典数字科技公司独立开发的具有完全自主知识产权的三维互动仿真平台,是国产的少数几个优秀仿真软件之一。图 4-5 为 VRP 作品。

图 4-5　VRP 作品

4.4.1 VRP 技术的特点

作为直接面向三维美工的虚拟现实制作软件,它的所有操作都是用美工可以理解的方式(不需要程序员的参与),让美工将更多的精力投入到效果制作中,从而提高产品质量。用户如果具备良好的 3DSMAX 的建模和渲染基础,只要对 VRP 平台稍加学习和研究,就可以很快制作出自己的虚拟现实场景。

VRP 软件主要具有以下特点。

(1)VRP 是一个全程可视化软件

VRP 可以在编辑器内直接编译运行,一键发布,操作简单,易于学习。

(2)高真实感实时画质

VRP 的核心技术之一在于对光影的处理,它能让三维场景更具有真实感。VRP 利用 3DSMax 中各种全局光渲染器所生成的光照贴图,可使场景具有非常逼真的静态光影效果。

(3)VRP 拥有丰富的特效

VRP 丰富的特效能够为实时场景增加生动的元素,这些特效包括:动画贴图、天空盒、雾效、太阳光晕、体积光、实时环境反射、实时镜面反射、花草树木随风摆动、群鸟飞行动画、雨雪模拟、全屏运动模糊、实时水波等。

(4)VRP 拥有功能强大的实时材质编辑器

所见即所得的材质编辑是 VRP 的一大特点,它能方便用户制作出各式各样的演示界面。用户可以用内嵌的 Shader 编码实现各种复杂的实时材质模拟,如塑料、木头、金属、玻璃、陶瓷、锡箔纸等,可实现普通、透明、镂空、高光、反射、凹凸材质特效;可以用材质库实现材质的保存和读取管理,可以方便地调整材质的各项属性,如颜色、高光、UV、贴图、混合模式等,同时,材质球预览功能使材质的调整所见即所得。

（5）VRP 支持三种模型动画

VRP 能支持骨骼动画、位移动画和变形动画，它们分别可以用于实现人物或角色的各种动作、刚性物体的运动轨迹、物体的自身顶点坐标变化。

（6）VRP 拥有针对不同行业应用的专用模块

VRP 分别针对不同的行业应用提供了各自的专用模块，例如建筑设计应用模块，室内设计应用模块，桥梁、道路设计应用模块，船舶储口码头应用模块，展馆估迹应用模块，全景模块，网络模块以及多通道环幕（立体）投影系统模块等，这些模块有更强的专业性，更能方便用户开发和使用。

其中，VR-Platform 多通道处理系统特性涉及的版块有：VRP-Blender 多通道边缘融合模块、VRP-Rectify 多通道曲面几何矫正模块、VRP-Sync 多 PC 机网络计算模块等。

4.4.2　VRP 技术的应用

VRP 已经发布了许多个针对不同行业的应用版本，它的出现必将给正在发展的 VR 产业注入新的活力，如今该技术已广泛应用于城市规划、室内设计、工业仿真、古迹复原、桥梁道路设计、军事模拟、游戏娱乐等行业。

4.5　Unity3D 技术

Unity 是由 Unity Technologies 开发的一个让用户轻松创建诸如三维视频游戏、建筑可视化、实时三维动画等类型互动内容的多平台的综合型游戏开发工具，是一个全面整合的专业游戏引擎。

如今,Unity 在游戏、教育、建筑、旅游、AR 等行业和领域都得到了很好的应用和开发。

4.5.1 Unity3D 技术概述

Unity3D 用户操作界面功能丰富,支持所有主要文件格式资源的导入,支持多种格式的音频和视频,支持高度优化的图形渲染。Unity3D 的着色器系统整合了易用性、灵活性和高性能;提供了具有柔和阴影与烘焙 lightingmaps 的光影渲染系统。

Unity3D 是目前行业内应用较广的平台,一些多媒体公司使用 Unity3D 来制作计算机游戏或者手机游戏。Unity3D 在全球拥有超过 200 万游戏开发者用户,被超过 60% 的游戏开发者选作游戏引擎。Unity 的跨平台性让更多的开发者有机会施展自己的才华,越来越多的世界知名厂商在使用 Unity 引擎创造辉煌和成就。

随着 Unity3D 平台最新版本的发布,Unity3D 已经开始为开发大型网络游戏做准备,现在完全支持 Subversion、Perforce,与 Visual Studio 完整的一体化也增加了 Unity3D 自动同步 VS 项目的源代码,所有脚本的解决方案和智能配置均得以实现。

Unity3D 进行交互程序的编辑主要使用的是脚本语言,在游戏制作方面支持优秀的全实时多人游戏物理特效,并且对于网络支持可实现从单人到多人联机游戏的开发制作。如今使用 Unity3D 开发三维交互式房地产展示方面的应用逐渐成为一种趋势,Unity3D 正慢慢发展成为行业内的主流开发平台。

Unity3D 最明显的优势是支持多应用平台发布。Unity 类似于 Director、Blender Game Engine、Virtools 或 Torque Game Builder 等利用交互的图型化开发环境为首要方式的软件,其编辑器运行在 Windows 和 Mac OS X 下,可发布游戏至 Windows、Mac、Wii、iPhone、Windows Phone 8 和 Android 平台。也可以利

用 Unity Web Player 插件发布网页游戏,支持 Mac 和 Windows 的网页浏览。它的网页播放器也被 Mac widgets 所支持。

4.5.2　Unity3D 基本操作

首先需要说明的是:建模中使用的图片、文件、文件夹等以及模型中物体、材质等的名称都不能使用中文或者特殊符号,可以使用英文字母、数字、下划线等;调整 Max 的单位为米;烘培光影的设置。

1. 基本设置

(1)FBX 导出插件下载地址:

http://usa. autodesk. com/adsk/servlet/item? siteID＝123112&id ＝10775855

(2)将 Max 文件中用到的图片都拷贝到 Textures 目录下。

(3)打开 Max 文件,导出为 FBX 文件,使用默认设置,FBX 文件也放置在和 Max 文件相同的目录下。

导出的时候,可以将模型简单的分类,如地面、植被、楼房等,也可以将模型分为几个区域,如小区 1、小区 2、学校等。

(4)将包含 Max 文件、FBX 文件和 Textures 文件夹的文件夹拷贝到 Unity3D 项目的 Assets 目录下。

在下一次用 Unity3D 编辑器开启本项目的时候,编辑器将自动导入/更新该文件夹中的信息,并生成 Materials 文件夹。

具体操作过程如下:

(1)启动 Unity3D 编辑器,选择刚才拷贝进来的文件中的 FBX 文件,修改其中的 Meshes 下的 Scale Factor 和 Generate Colliders,如图 4-6 所示。

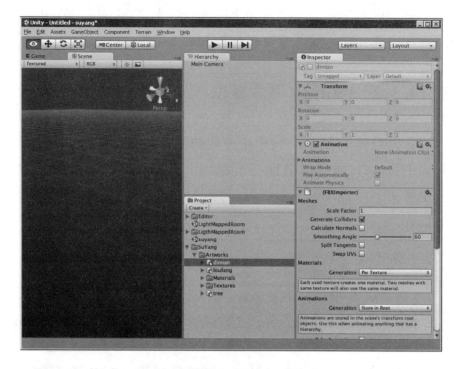

图 4-6　修改 Meshes 下的 Scale Factor 和 Generate Colliders

点击其他 FBX 文件或者单击其他区域将弹出如图 4-7 所示的对话框，点击 Apply 即可。

图 4-7　"Unity Alert"对话框

用类似的方式设置其他 FBX 文件。注意，其中植物/植被类的 FBX 文件不需要设置 Generate Colliders 项。

（2）将 FBX 文件直接拖放到 Hierarchy 区域，如图 4-8 所示。

（3）点击 Hierarchy 区域中的对象，同时将鼠标移到三维显示区域，同时点击键 f，则该对象自动适配显示到三维区域中心。

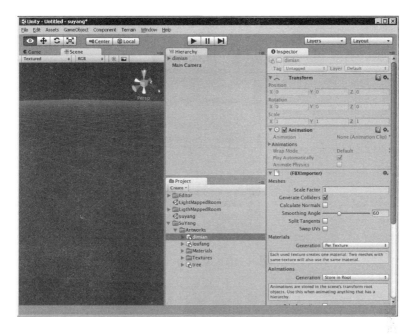

图 4-8　添加 FBX 文件

（4）当将全部 FBX 添加完成后，提高场景亮度，如图 4-9 所示。

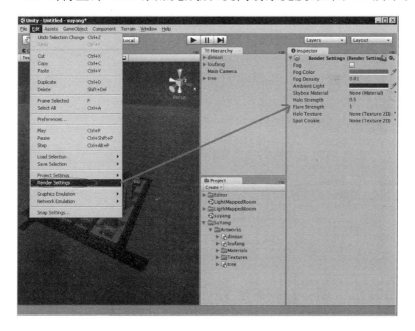

图 4-9　提高场景亮度设置

单击 Ambient Light，进行如图 4-10 设置。

图 4-10　Color 设置

（5）设置第一人称。删除场景中 Main Camera，将 Project 区域的 Standard Assets 下的 Prefabs 下的 First Person Controller 拖到 Hierarchy 区域中，如图 4-11 所示。

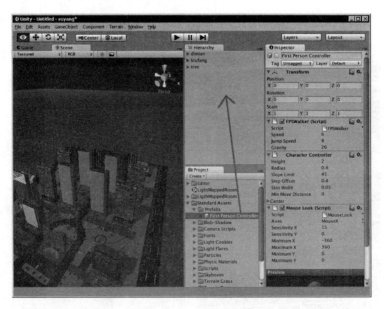

图 4-11　添加 First Person Controller

点选 First Person Controller，调整 First Person Controller 的位置到场景中合适的位置，并设置其高度为 1.37 到 2.1 左右，

如图 4-12 所示。

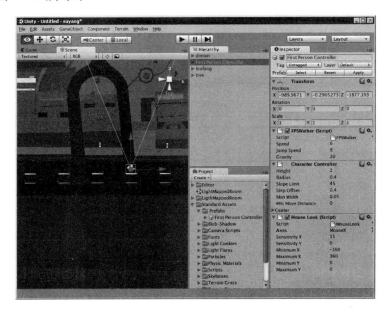

图 4-12　高度设置

设置 First Person Controller 的高度在场景中地面之上，如图 4-13 所示。

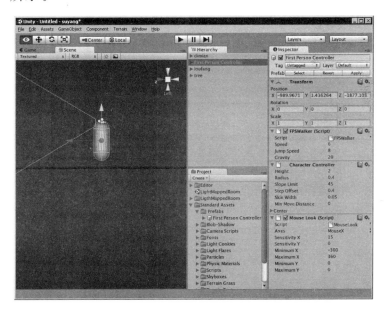

图 4-13　设置高度在场景中地面之上

（6）点击运行，即可测试，如图 4-14 所示。

图 4-14　测试

2.修改视角控制键为右键

打开 Project 区域中的 Standard Assets 下的 Camera Scripts 下的 Mouse Look 脚本，在相应位置添加一行代码（图 4-15）。

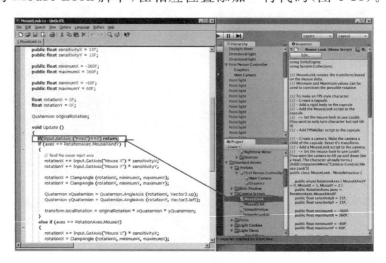

图 4-15　添加代码

3. 取消浏览窗口上的右键菜单

只要设置 Unity 对象的参数即可禁止右键菜单的显示，如下：

```
<object id = " UnityObject" classid = " clsid：444785F1-
DE89-4295-863A-D46C3A781394"
width="600" height="450"
codebase = " http：//webplayer. unity3d. com/download_
webplayer/UnityWebPlayer. cab♯version=2,0,0,0">
<param name="src" value="MyDataFile. unity3d" />
<param name="disableContextMenu" value="true" />
<embed id = " UnityEmbed" src = " MyDataFile. unity3d"
width="600" height="450"
type = " application/vnd. unity" pluginspage = " http：//
www. unity3d. com/unity-web-player-2. x"
disableContextMenu="true" />
</object>
```

4. 植物效果设置

(1)对于单面片的植物效果,需要设定其材质为 Transparent/VertexLit 类型,如图 4-16 所示设定前后效果对比。

(2)给单面片植物添加公告板脚本。先选择该植物,然后点击菜单 component 下的 scripts 下的 camera Facing Billboard 即可。

设置材质类型和添加公告板脚本后,如图 4-17 所示。

（a）设定前

（b）设定后

图 4-16　设定前后效果对比

图 4-17　设置材质类型和添加公告板脚本效果

　　需要说明的是：对于十字交叉的植物，需要将其材质设定为 Nature/Vegetation Two Pass unlit 类型。

5. 水面效果的设置

　　(1)创建一个网格面片，如图 4-18 所示。

　　(2)给该水面面片设置水材质和水脚本，如图 4-19 所示。

　　制作连续加载的场景漫游：场景被分解为多个部分，起始场景比较小，启动后，提示继续下载其他场景，下载一个显示一个。

图 4-18　创建网格面片

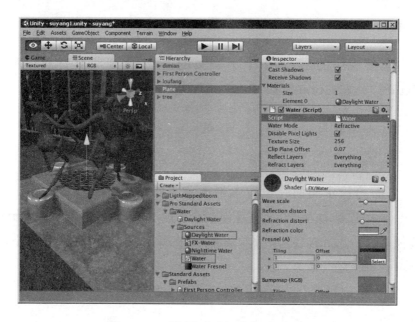

图 4-19　设置水材质和水脚本

4.5.3　关于 Unity3D 美术方面贴图的探究

我们都知道，一个三维场景的画面的好坏，40％取决于模型，60％取决于贴图，可见贴图在画面中所占的重要性。

这里主要列举几种 Unity3D 中常用的贴图，并且初步阐述其概念，理解原理的基础上制作贴图，也就顺手多了。

（1）漫反射贴图（Diffuse Map）

首先不得不说的是漫反射贴图。漫反射贴图在游戏中表现出物体表面的反射和表面颜色。换句话说，它可以表现出物体被光照射到而显出的颜色和强度。我们通过颜色和明暗来绘制一幅漫反射贴图（图 4-20），在这张贴图中，墙的砖缝中因为吸收了比较多的光线，所以比较暗，而墙砖的表面因为反射比较强，所以吸收的光线比较少。从这张图可以看出砖块本身是灰色的，而砖块之间的裂缝几乎是黑色的。

图 4-20　漫反射贴图

刨去那些杂糅的东西，我们只谈明显的，漫反射贴图表现了什么？列举一下，物体的固有色以及纹理，贴图上的光影。前面的固有色和纹理我们很容易理解，至于后面的光影，我们再绘制漫反射贴图的时候需要区别对待，比如我们做一堵墙，每一块砖都是用模型做出来的，那么我们就没有必要绘制砖缝，因为这个可以通过打灯光来实现。可是我们如果用模型只做了一面墙,上面的砖块是用贴图来实现,那么就得绘制出砖缝了。从美术的角度,砖缝除了是一条单独的材质带外,还有就是砖缝也是承接投影的,所以在漫反射图上,绘制出投影也是很有必要的,如图 4-21 所示。

图 4-21　diffuse map 添加投影

没有什么物体能够反射出跟照到它身上相同强度的光。因此,让你的漫反射贴图暗一些是一个不错的想法。通常,光滑的面只有很少的光会散射,所以你的漫反射贴图可以亮一些。

漫反射贴图应用到材质中去是直接通过 Diffuse Map 的。在命名规范上,它通常是在文件的末尾加上"_d"来标记它是漫反射贴图。

(2)凹凸贴图(Bump Maps)

凸凹贴图可以给贴图增加立体感。它其实并不能改变模型的形状,而是通过影响模型表面的影子来达到凸凹效果的。在游戏中有两种不同类型的凸凹贴图,法线贴图(Normal Map)和高度贴图(High Map)。

法线贴图定义了一个表面的倾斜度或者法线。换一种说法,它们改变了我们所看到的表面的倾斜度。法线贴图把空间坐标的参数(X,Y,Z)记录在像素中(R,G,B)。如图 4-22 所示。

图 4-22　法线贴图

有两种制作法线贴图的方法:第一种,从三维的模型渲染出一张法线贴图(用高模跟低模重叠在一起,把高模上的细节烘焙到低模的 UV 上,这里需要低模有一个不能重叠的 UV);第二种,转换一张高度贴图成为一个法线贴图(是用 NVIDIA 的 PS 插件来转换的)。

高度贴图实际上就是一个 2D 数组。创建地形为什么需要高度图呢? 可以这样考虑,地形实际上就是一系列高度不同的网格而已,这样数组中每个元素的索引值刚好可以用来定位不同的网格(x,y),而所储存的值就是网格的高度(z)。如图 4-23 所示。

图 4-23　高度贴图

高度贴图是一种黑白的图像,它通过像素来定义模型表面的高度。越亮的地方它的高度就越高,画面越白的地方越高,越黑的地方越低,灰色的在中间,从而表现不同的地形。

当然在 Unity 中也是有 Hight Map 出现的,比如在 Terrain 菜单中,就有导入和导出 Hight Map 的命令。高度贴图通常是在图形处理软件中绘制的。它们通常没有必要渲染这些,在 DOOM3 游戏中高度贴图是被转换成法线贴图来使用的。使用高度贴图仅仅是为了适应简单的工作流程。高度贴图通常通过 "Height Map"函数来调用到 3D 软件中去的,我们通常在文件名后面加一个"_h"来标示它。

一般来说,Normal Map 来自于 Height Map,具体生成的方法如下:把 Height Map 的每个像素和它上面的一个像素相减,得到一个高度差,作为该点法线的 x 值;把 Height Map 的每个像素和它右边的一个像素相减,得到一个高度差,作为该点法线的 y 值;取 1 作为该点法线的 z 值。推导过程如下:x 方向,每个像素和它下面的一个像素相减,得到向量<1, 0, hb-ha>,其中 ha 是该像素的高度值,hb 是下一行的高度值;y 方向,每个像素和它左边的一个像素相减,得到向量<0, 1, hc-ha>,其中 ha 是该像素的高度值,hb 是左一列的高度值;取两个方向的切线向量,对它们做 Cross 得到该点的法线向量。

此外,还有另外一种做法,是根据每个像素四边的点计算,而该点像素本身不参与计算。当然,最好还是在美工建模的时候同时生成 Normal Map 和 Height Map 而不是利用 Height Map 生成 Normal Map。

(3)高光贴图(Specular Map)

高光贴图是用来表现当光线照射到模型表面时其表面属性的(如金属和皮肤、布、塑料反射不同量的光)从而区分不同材质。高光贴图在引擎中表现镜面反射和物体表面的高光颜色。如图图 4-24 所示。

我们建立高光贴图的时候,使用 solid value 来表现普通表面的反射,而暗的地方则会给人一种侵蚀风化的反射效果。一般来说,物体高光的强弱为:金属>塑料>木头>皮肤>布料。当然,

图 4-24　高光贴图

这只是一个大致的分类，并不能作为高光的指导。切记，在大的强弱关系还没有决定之前，不要急着添加那些细节，否则会影响你的判断，而最后得到一张层次不清晰很"花"的高光。

高光贴图是通过 Specular Map 函数调用到引擎中的，通常我们在贴图的后面加一个"_s"来区别它。

（4）AO 贴图（Ambient Occlusion）

中文一般叫做环境阻塞贴图，是一种目前次时代游戏中常用的贴图技术，很多人将其与全局光烘焙贴图混淆，其实二者本质是完全不同的。全局光的烘焙师模拟 GI（全局光）所呈现的阴影效果，而 AO 贴图时模拟模型的各个面之间的距离。

AO 贴图的计算是不受任何光线影响的，仅仅计算物体间的距离，并根据距离产生一个 8 位的通道。如图 4-25 所示，计算球形物体的 AO 贴图的时候，程序使每个像素，根据物体的法线，发射出一条光，这个光碰触到物体的时候，就会产生反馈，比如球右下方的一些像素锁发射的光，碰触到了旁边的政法提，产生反馈，标记这里附近有物体，就呈现黑色。而球上方的像素所发射的光，没有碰触到任何物体，因此标记为白色。

在 Unity 中，我们有两个地方可以调整 AO：一个是在光照贴图渲染器中有一个调整 AO 的参数，这个是确实渲染了一层 AO；还有一个就是通过摄影机特效，有一个屏幕空间环境阻塞的特效

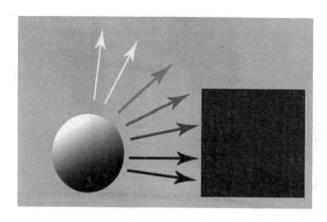

图 4-25　AO 贴图

Screen Speace Ambient Occlusion(SSAO)。这两个都可以实现部分的 AO 效果。

（5）光照贴图(Light Map)

简单地说，烘焙就是把物体光照的明暗信息保存到纹理上，实时绘制时不再进行光照计算，而是采用预先生成的光照纹理(Light Map)来表示明暗效果。

这样做的优点是：省去了光照计算，可以提高绘制速度；对于一些过度复杂的光照（如光线追踪，辐射度，AO 等算法），可以大大提高模型的光影效果；保存下来的 Light Map 还可以进行二次处理，如做一下模糊，让阴影边缘更加柔和，等等。缺点是：模型额外多了一层纹理，相当于增加了资源的管理成本（异步装载，版本控制，文件体积等）；而把明暗信息写回原纹理限制比较多（如纹理坐标范围，物体实例个数等），等等。

那么怎么生成 Light Map 呢？最直接的办法是光线追踪，也可以是利用 GPU 进行计算。

静态模型的 Light Map(光照贴图)与 Vertex-Lighting(顶点光照)之比较：Light Map 可以减少 CPU 和 GPU 的占用；Light Map 让 CPU 需要计算的光照和物体间的互动更少；Light Map 不需要在 GPU 的多重 pass 中被渲染；Light Map pass 被整合进

Emissive(自发光)pass 中,因此可以缩短渲染时间;Light Map 可以表现交错覆盖于静态模型三角面上的复杂的每像素光照,然而 Vertex-Lighting 只能表现顶点到顶点之间线形的渐变;使用 Light Map 的静态模型,可以通过优化使用更少的三角形,获得额外的效率提升;Light Map 可以通过调整 UV 的布局,来进行优化以提供尽可能好的光照质量。

（6）Mip Map 和 Detail Map

Mip Map 的原理:把一张贴图按照 2 的倍数进行缩小,直到 1×1,把缩小的图都存储起来(图 4-26)。在渲染时,根据一个像素离眼睛位置的距离,来判断从一个合适的图层中取出 texel 颜色赋值给像素。在 D3D 和 OGL 都有相对应的 API 控制接口。

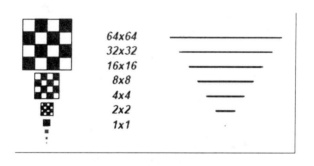

图 4-26　Mip Map

透过它的工作原理我们可以发现,硬件总是根据眼睛到目标的距离,来选取最适合当前屏幕像素分辨率的图层。假设一张 32768×32768 的 Mip Map 贴图,当前屏幕分辨率为 1024×1024。眼睛距离物体比较近时,Mip Map 最大也只可能从 1024×1024 的 Mip Map 图层选取 texel。再次,当使用三线性过滤(trilinear)时,最大也只能访问 2048×2048 的图层选取 texel,来和 1024×1024 图层中的像素进行线性插值。如图 4-27 所示。

首先来介绍一个 Detail Map 的例子,使用前后对比如图 4-28 所示。

原理上不用赘述,其实就是图层的叠加与混合。在这里有几

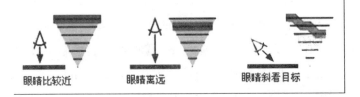

图 4-27

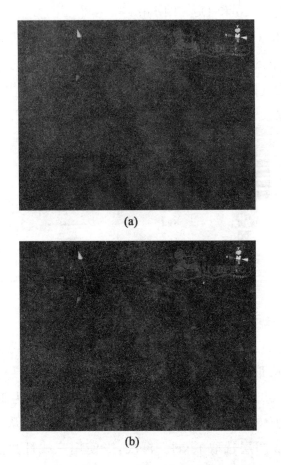

图 4-28　Detail Map 使用前后对比

个关键词，一个是 Detail 的 Tiling 值，一个是这个 Detail Map 需要在导入的时候设置为 Mip Map，里面的参数大家可以试着调一下。

第5章　VRML 虚拟现实建模语言研究

虚拟现实建模语言(Virtual Reality Modeling Language, VRML)是一种用于创建三维造型和渲染的图形描述语言。它将二维、三维图形和动画、音频、视频等多种效果融合在一起,使信息能够在一个具有空间感和实时感的三维空间中被表达出来。同时,它提供灵活有效的人机交互功能,使虚拟世界的真实性和交互性得到更充分的体现。将 VRML 与 WWW(World Wide Web)一起使用,还可以创建一个通过 Internet 和 WWW 链接而成的网络虚拟世界。

5.1　VRML 概述

VRML 利用计算机发展中的高科技手段构造出一个虚拟世界,使参与者获得与现实世界相同的感觉。利用 VRML 可以创建任何虚拟的物体,如建筑物、城市、山脉、飞船、星球等,还可以在虚拟空间中添加声音、动画,使之更加生动,更接近真实。

与其他在 Web 中实现虚拟环境的技术相比,VRML 语法简单、易懂,编辑操作方便;可以嵌入 Java、JavaScript 等语言,其表现能力得到了极大的扩充;可以利用各种传感器实现人机交互,形成更为逼真的虚拟环境;文件容量小,适宜网络传输,可以方便地创建立体网页和网站。

5.1.1 VRML 的发展历程

VRML 的起源可以追溯到 20 世纪 90 年代,自 1991 年开始投入运营的 Web 是 VRML 产生和发展的原动力。1994 年,Mark Pesce 和 Tony Parisi 受二维 HTML 浏览器的启发,创建了可用来浏览 Internet 上三维画面的浏览器原型,被称为 Labyrinth(迷宫),这是 WWW 上 3D 浏览器的早期原型。该原型于 1994 年 5 月在瑞士日内瓦召开的万维网会议上公布于世,并首次提出了 VRML 一词。

1994 年 10 月在第二届 WWW 国际会议上公布了VRML 1.0 规范的草案,功能非常有限,仅允许单个用户使用非交互功能,没有声音和动画。

VRML 2.0 于 1996 年 8 月形成,它在 VRML 1.0 的基础上进行了较大的补充和完善。通过 VRML 2.0 的节点、事件、域、路由、传感器、插补器和脚本等简单结构,可以完成丰富的网上三维功能。在 VRML 2.0 中,节点类型被扩展为 54 种,支持的对象也已包括动态和静态两大类。

1997 年 12 月,VRML 作为国际标准正式发布,并于 1998 年 1 月获得 ISO 批准,通常称为 VRML 97。它是 VRML 2.0 经编辑性修订和少量功能性调整后的结果,支持纹理映射、全景背景、雾、视频、音频、对象运动和碰撞检测等一切用于建立虚拟世界的所应该具有的东西。

VRML 97 发布后,互联网上的 3D 图形几乎都使用了 VRML。但由于技术的局限性,如带宽不够,需要下载插件浏览,文件量大,真实感、交互性需要进一步加强等原因,许多软件公司的产品并没有完全遵循 VRML 97 标准,而是使用了专用的文件格式和浏览器插件,如 Cult3D、Viewpoint 等。

1998 年,VRML 协会把自己改名为 Web3D 协会,在 2001 年 8 月发布了下一代 VRML97 标准——X3D。它是在许多重要软件厂商的支持下提出的,与 MPEG-4 和 XML 保持兼容,使用 XML 语法,集成到 MPEG-4 的 3D 内容之中,与 VRML97 向后兼容,即 X3D 能实现 VRML97 的全部功能。X3D 标准(ISO/IEC 19775)在 2005 年 10 月被正式作为国际标准发布,结束了 Web3D 的混乱局面。[①] 预计 VRML 的下一版本将可能发表中文国际标准。

5.1.2　VRML 的特点

按照 Web3D 组织的定义,VRML 是一种用于在 Internet 上构筑 3D 多媒体和共享虚拟世界的开放式语言标准。它的特点可以概括如下。

1. 基于 Internet 共享的虚拟世界

与以往的 3D 应用不同,VRML 规范考虑的第一件事就是通过 Internet 共享 3D 实体和场景。VRML 可以创建一个完全投入的 Cyberspace(赛伯空间)环境,它是 Web 内的一个交互式宇宙空间。在这里可以像在现实世界中一样,与虚拟世界和其他人之间进行相互作用。这个环境对于信息收集、学习、工作和娱乐具有无限的可能性,这在其他地方是不可能的。而现在,通过 VRML 97 用户已经可以部分地实现这一构想。

2. 较低的配置需求

VRML 与硬件平台无关,只要安装了 VRML 浏览器,

---

① 贺雪晨,陈振云,周自斌. 虚拟现实技术应用教程. 北京:清华大学出版社,2012:14—15

VRML 文件就可以在从 PC 到多端工作站等不同档次的平台上播放。当然,如果有更先进的虚拟现实设备和支持它的 VRML 浏览软件效果会更好。相对于很多 3D 图形、动画制作软件的高配置需求,VRML 只需一台 Pentium Ⅱ(233MHz 或 266MHz,64MB 内存)以上的 PC,一个较好的 3D 图形加速卡,再借助传统的二维交互设备,就可以使浏览者产生初步的身临其境的体验。

3.真正的动态交互

VRML 的图形渲染是"实时"的,这是它与动画制作软件的最大区别。用户可以用动画制作软件创建一个浏览动画,而且可以反复播放,但它将总是沿着固定路径运动。VRML 生成的场景却是实时的,这不仅表现在用户可以在场景中自由地控制浏览方向而不受任何限制,更体现在用户随时可以启动一个"事件",例如碰到了一个物体,会发出巨大的碰撞声;遇到了一个门,可以亲自把它打开等。应该说,在 VRML 场景中的对象不仅是"动态的"而且是"可交互的",这一点对于 Internet 的网页、三维游戏乃至很多应用来说都是至关重要的。

4.适用于网络现状的技术

VRML 是面向网络的应用技术,它的巧妙之处在于:避免了在网上传输无限容量的一帧帧视频图像,而传输的是有限容量的 WRL 文件,即只传送描述场景的模型,而把动画帧的生成放在本地。VRML 使操作者在虚拟世界中的浏览速度和质量只依赖于本地主机的性能,而与网络无关。这在网络带宽仍是瓶颈问题的当今时代是非常难能可贵的。

5.开放式的标准

目前,VRML 规范已经是 CAD、动画制作以及 3D 建模软件等领域数据共享和数据发布的事实上的标准,ISO 也把它作为未来标准发展的重要模型加以开发和研究。对此,三维图形软件制作厂商们已经充分认识到了 VRML 的发展前景,纷纷推出了与之相适应的软件。这些软件有的可以在图形环境下直接输出 VRML 格式的文档,有的提供实用工具或插件实现这种转换。而在一些最新的多媒体标准(如 MPEG-4、Java、3ds Max)中,也都包含、支持或者涉及到 VRML 规范。这些工具软件的推出和不断更新必将促进 VRML 的蓬勃发展。[①]

5.1.3　VRML 的工作原理

VRML 的基本工作原理同 HTML 一样简单,都使用一系列指令告诉浏览器如何显示一个文档,都是 WWW 页面的描述语言。与 HTML 不同的是,以 HTML 为核心的 WWW 浏览器浏览的是二维世界,而以 VRML 为核心的 WWW 浏览器浏览的是三维世界。

VRML 的基本工作原理可概括为文本描述、远程传输、本地计算生成。

(1)文本描述指 VRML 并不是用三维坐标点的数据来描述三维物体,如果这样的话数据量将会非常大,在 Internet 上传输会遇到很多困难。VRML 用类似 HTML 的标记语言来描述三维场景,如一个立方体的描述文本是:Box(size 3.0 3.0 3.0)。

(2)远程传输指用户浏览 VRML 描述的虚拟场景时,需要通过 Internet 将描述场景的文本传送到本地。文本描述嵌在 Web 页面中,在浏览器请求相应页面时,与页面一起传送到本地。

(3)本地计算生成指描述虚拟场景的数据传送到本地后,浏览器对它进行解释计算,动态地生成虚拟场景。例如,描述球体的文本,浏览器会在屏幕上绘制一个立体的球形。这样就避免了

---

① 申蔚,曾文琪.虚拟现实技术.北京:清华大学出版社,2009:48-49

在网上传输大容量的视频图像,传输的是有限容量的 wrl 文件,即只传送描述场景的模型,而把动画帧的生成放在本地。也就是说当人们在虚拟世界中漫步时,所依靠的是本地主机的性能,而与网络无关。[①]

5.2 VRML 的语法基础

正确理解 VRML 文件的组成要素、语法结构以及空间计量等概念,是开发 VRML 程序所必须掌握的基础知识。

5.2.1 VRML 的组成要素

1. 节点(Node)和域(Field)

节点是 VRML 文件中最基本也是最核心的组成部分。单个节点可描述造型、颜色、光照、视点和传感器等。VRML 虚拟世界的对象往往是由一组具有一定层次结构关系的节点来构造的。节点一般包括以下内容。

①节点名。节点可以用 DEF 语句命名,用 USE 语句引用。

②节点类型(必需)。节点类型可分为系统提供的基本类型和用户自定义类型两大类。

③一对大括号(必需)。一对大括号用来包容节点的域和事件接口。

④一定数目的域。用来描述节点的静态固有属性。

⑤一定数目的事件接口。用来描述节点的动态交互属性,提

---

① 贺雪晨,陈振云,周自斌. 虚拟现实技术应用教程. 北京:清华大学出版社,2012:15

供节点与外界的通信接口。

典型的节点语法定义如下。

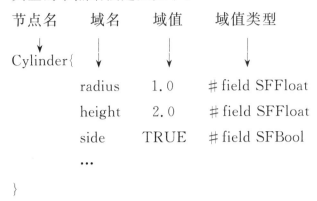

节点名　　　域名　　　域值　　　域值类型

Cylinder{

　　　radius　　1.0　　# field SFFloat

　　　height　　2.0　　# field SFFloat

　　　side　　　TRUE　# field SFBool

　　　…

}

域是属于节点的,由节点及其相关域定义的造型或属性在 VRML 空间中将被视为一个整体。不同的节点可包含不同的域,域之间没有次序之分。对域的描述主要包括以下内容。

①域名。不同节点中域名相同的域其定义和使用方法相同。

②域值。指定如颜色、尺寸和位置等特征,每个域都有一个默认值,并属于某一特定的域值类型。

③域值类型。描述该域允许值的类型,共有 20 种,主要分为单值域类型(名称以"SF"开始)和多值域类型(名称以"MF"开始)。VRML 的域值类型有很多种:比如 SFBool 表示单域值布尔型,取值为 TRUE 或者 FALSE,以确定某个属性是否打开;SFVec2f、MFVec2f 表示单(多)域值二维浮点型,取值为两个浮点数值,可以来确定一个二维坐标;而 SFVec3f、MFVec3f 则表示单(多)域值三维浮点型,取值为三个浮点数值,可以来确定一个三维坐标。

2. 事件(Event)和路由(Route)

在现实环境中,事物往往随着时间会有相应的变化。比如,物体的颜色随着时间发生变化。在 VRML 中借助事件和路由的概念反映这种现实。

　　除节点构成的层次体系外,还有一个"事件体系",它由相互通信的节点组成。事件的接口类型有事件入口和事件出口两种:事件入口(eventIn,也称入事件)是节点的逻辑接收器,它负责监听和接收外界事件;事件出口(eventOut,也称出事件)是节点的逻辑发送器,它负责向外界发送节点产生的事件。如果它要接收或发送多种类型的事件,节点就应该具有多个事件入口或出口。事件具有事件值和时间戳属性,事件值即为该控制信息本身,时间戳则标识事件发生或传送的时间。

　　事件出口和事件入口通过路径相连,这就是 VRML 文件中的另一个基本组成部分——路由。ROUTE 语句把事件出口和事件入口联系在一起,从而构成事件体系。路由为事件的传播提供了传输通道,使事件在事件链中依次向前传递,每经过一个节点就改变该节点的一些域,从而引发 VRML 世界一系列的变化,如节点状态的改变、产生新的事件甚至直接改变场景图的层次结构。

　　典型的事件路由定义如下。

DEF SENSOR TouchSensor{}　　♯定义一个触摸传感器

...

DEF SOUND Sound{}　　♯定义一个声音对象

...

ROUTE SENSOR. touchTime To SOUND. startTime　　♯建立事件的路由

　　在此事件路由中,触摸传感器 TouchSensor 中包含一个 touchTime 事件出口,当受到用户触发后,它就从此出口送出 SFTime(一个浮点型的时间值)。该域值将直接路由到 Sound 声音节点中 AudioClip 的 startTime 事件入口,触发声音使其播放。

3. 脚本(Script)

　　创建 VRML 场景最重要的工作是编制动画和复杂的交互行

为,它为虚拟世界带来生命的气息。将 VRML 的各种传感器和插补器串接起来可以产生相对笔直向前的动画,但对于复杂的动画和交互,则需要使用一个或多个 VRML 的 Script 节点。Java、JavaScript 行为脚本、插补器、C++函数、VRMLScript、LiveConnect 以及 VRML 外部制作界面等,都是用于生成动态、复杂及逼真的 VRML 场景的技术、语言和 API(Application Programming Interface)。通过对它们的使用,可以提高与虚拟世界的交互能力和操纵能力,并为发挥虚拟作品的想象力提供方便。

Script 节点可以看做是一个节点的外壳:它拥有域、eventIn 事件和 eventOut 事件。其本身没有任何动作,但可以通过程序来赋予脚本节点动作。当 Script 节点接收到一个 eventIn 时,就执行一个相应的函数。这个函数可以设置 Script 节点内部的域,实现复杂的算法,以及向世界中的其他节点发送事件。

4. 原型(Prototype)

VRML 定义了 54 种基本节点类型,此外,用户还可以通过原型构造机制定义新的节点类型,例如新的几何节点、新的造型、新的材料和新的声音节点等。原型节点定义应对名称、需要使用的域、事件接口和节点体等分别加以说明。新节点类型既可以在该原型定义的文件中引用(即内部原型,PROTO),也可以在外部文件中定义后在其他 VRML 文件中引用(即外部原型,EXTERNPROTO)。

5.2.2　VRML 的文件结构

VRML 的源程序文件主要由 VRML 文件头、造型、脚本以及路由等构成。一个 VRML 文件不必包含以上所有组成部分,但 VRML 文件头是必须声明的。

典型的 VRML 文件结构如下。

```
♯ VRML V2.0 utf8    ♯VRML 文件头
节点名{              ♯创建 VRML 中各种类型的节点以
构成造型
域名  域值    ♯设置节点的各个域和域值
...
}
Script{              ♯添加脚本节点,编写脚本程序
}
ROUTE...TO...        ♯建立出事件与入事件间的路由
```

1. 文件头

♯VRML V2.0 utf8 为文件头,它是每个 VRML 文件所必需的,且必须位于程序中的首行。头文件向浏览器表述了如下含义。

①这里的♯不是注释,而是 VRML 文件的一个部分。

②本文件是一个 VRML 文件。

③本文件遵循 VRML 规范的 2.0 版本。

④本文件使用国际 UTF-8 字符集。

2. 造型

物体的造型(又称场景图)由节点按一定的层次关系组成,它用于构造虚拟世界的主体——各种静态和动态对象。在造型层次模型中,上下层节点之间存在两种关系:包容关系和父子关系。节点的包容关系是指后代节点作为祖先节点的一个属性域而存在,如 Appearance(外观)节点,它只能用于 Shape(形状)节点的 appearance 域中。而在父子关系中,子节点并不直接出现在父节点的属性域中,它们集中在父节点的 MFNode(多节点数据类型)的子域内,依次排列。父节点必须由群节点担任,VRML 的群节点共有 8 个:Anchor(锚链)、Billboard(布告板)、Collision(碰撞)、

Group（编组）、Inline（内联）、LOD（层次细节）、Switch（开光）和 Transform（变换）。

3. 路由

路由不是节点，路由语句可以放置在节点内域可以出现的任何地方，但是建议将所有 ROUTE 语句集中放置在文件的末尾，以构成一个系统的事件体系。需要说明的是，路由中引用的节点名称都应该在 ROUTE 语句之前被定义。

4. 注释

与其他编程语言类似，VRML 允许在文件中添加注释以增强程序的可读性。注释信息以符号"♯"开始，结束于该行的末尾，VRML 不支持多行注释。需要说明的是，文件头中的"♯"不代表注释含义。

5.2.3　VRML 的空间计量

1. VRML 的空间坐标系

VRML 的立体空间采用三维坐标系。该坐标系的原点位于 VRML 浏览器的中心，x 轴的正向水平向右，y 轴的正向垂直向上，z 轴的正向垂直向前，即指向浏览者，如图 5-1 所示。空间中的造型默认是以坐标系的原点为中心创建的，也可以对坐标系进行平移或旋转等变换，从而形成相对于父坐标系的子坐标系。

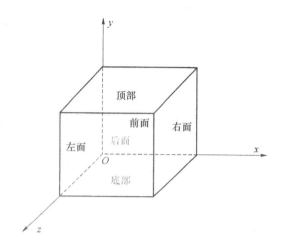

图 5-1　VRML 三维空间坐标系

2. VRML 的计量单位

　　VRML 描述长度的计量单位是 VRML 单位。它与现实世界或其他三维建模工具的计量单位都没有可比性，只用于在 VRML 空间中描述造型的大小和相对位置等。

　　VRML 描述旋转等角度的计量单位是弧度。常用角度与弧度的对应关系如表 5-1 所示。

表 5-1　常用角度与弧度的对应关系(弧度＝角度×π/180)

角度/(°)	0	30	45	60	90	120	135	150	180
弧度/(°)	0	0.523	0.785	1.047	1.571	2.094	2.356	2.618	3.141

3. VRML 的色彩规范

　　VRML 使用红绿蓝(RGB)颜色规范来描述造型、光线和背景等的色彩。RGB 颜色包含 3 个域值均在 0.0～1.0 之间的浮点数，它们分别对应红、绿、蓝 3 种颜色的取值。0.0 值表示该颜色被关闭，1.0 值表示该颜色完全打开。采用不同的红、绿、蓝取值，就可以混合出丰富多彩的颜色。[①]

5.3　VRML 场景的编辑与浏览

5.3.1　VRML 的编辑器

VRML 程序是一种 ASCII 码的描述程序,编辑 VRML 的源程序代码可以使用几乎任何一种文本编辑器。例如,Windows 中的记事本(NotePad)、写字板(WordPad)和 Microsoft Word 等。但要求程序存盘时文件的扩展名是. wrl(world 的缩写)或. wrz,否则 IE 浏览器将无法识别。

在实际工作中,由于建造复杂场景时,VRML 的建模语法繁琐、结构嵌套复杂,而且命令中的关键字都较长、不易输入和纠错。使用 Windows 记事本来编辑描述文本类似于程序设计,简单方便,但不是很直观,对设计者的空间想象能力要求也较高,设计效率不高。针对 VRML 的编程特点,在此推荐一个功能强大并且使用便捷的 VRML 编辑器——VrmlPad,使用它可以少花50％左右的时间来完成同样的代码。

1. VrmlPad 的安装与运行

VrmlPad 的试用版可以从 VRML 的资源站点下载。安装正确后运行,即可看到如图 5-2 所示的 VrmlPad 主界面。

---

① 申蔚,曾文琪. 虚拟现实技术. 北京:清华大学出版社,2009:56

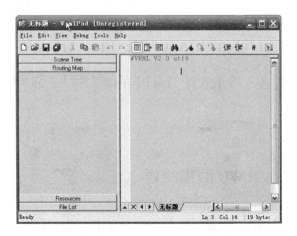

图 5-2　VrmlPad 的主用户界面

2. VrmlPad 功能简介

作为一个专门用于 VRML 开发设计的编辑软件，VrmlPad 拥有很多普通文本编辑器不具备的优点和功能。

(1)文件管理功能

与 Windows 操作系统支持的各类应用软件一样，VrmlPad 在它的菜单和工具按钮中提供了多项文件管理功能。开发者不但能够进行文件的新建、保存、打开、预览(直接调用 VRML 浏览器)等常规操作，更可以利用"文件"菜单下的 Publish(向导)功能，将作品发布到互联网上。

(2)文本编辑功能

VrmlPad 的文本编辑功能主要包括：支持文字的剪切、复制和粘贴；提供字符串和表达式的查找与替换；对关键字实行列表提示和选择，以降低输入量和输入错误；使用不同的颜色标识和区分不同种类的代码元素；自动检测 VRML 语法、语义和结构性错误，并给出相应提示。

(3)浏览功能

在 VrmlPad 左侧视窗中，共有 3 个功能列表，如图 5-2 所示。

其中,Scene Tree 列表中显示了当前场景的结构树,并提供浏览层次结构、编辑标识符名称和文本快速定位的功能;Resources 列表显示了该文件引用到的所有外部资源文件,可能包括纹理贴图、声音和插入其中的. wrl 文件等;File List 列表的功能则几乎等价于 Windows 资源管理器中文件列表的功能,如图 5-3 所示。

图 5-3　VrmlPad 的 File List 文件列表

5.3.2　VRML 浏览器

浏览 VRML 虚拟空间,需要使用浏览器插件。它的功能是接收和解释 VRML 文件的信息,在虚拟空间中创建 3D 造型,并提供实时渲染的自动显示。因此,选择一个好的浏览器对虚拟场景的运行速度和渲染效果都会有很大的影响。目前常用的浏览器有以下几种。

1. Cosmo Player VRML 浏览器

Cosmo Player VRML 浏览器是由美国 SGI 公司开发的。据相关统计结果表明,该浏览器仍是目前业界公认的一种较好的、使用者比率最高的产品。Cosmo Player 的控制面板设计科学,可以方便地在 Movement(运动行走)模式和 Examine(审视观察)模式之间进行切换,同时它的兼容性、质量、速度和扩展能力也均居于领先地位。Cosmo Player VRML 浏览器插件可以从 VRML 的资源站点下载。正确安装了 Cosmo Player 浏览器后,系统将以作为所有 VRML 源程序文件(.wrl 后缀)的图标,如图 5-3 所示。在资源管理器中双击.wrl 文件名,即可进入内嵌于 Internet Explorer 中的 Cosmo Player 浏览器界面,并在该文件创建的三维场景中执行各种操作。

对三维场景的操作依赖于 Cosmo Player 的控制面板,它包括 Movement(运动行走)和 Examine(审视观察)两种控制模式。Change Controls 工具按钮负责两种控制模式的切换。Cosmo Player 控制面板中的各按钮功能如表 5-2 所示。

表 5-2　Cosmo Player 控制面板中的各按钮功能

按　钮	功　能
Viewpoint List	视点列表,用于切换当前视点
Current Viewpoint	显示当前视点的名称
Go	改变用户视点位置,提供用户在虚拟空间中的前进/后退及左右的移动
Tilt	倾斜,即上/下、左/右转
Slide	平滑移动,包括上/下、左/右 4 个方向
Seek	快速移动视点接近指定对象
Undo Move	撤销移动操作
Redo Move	恢复移动操作
Gravity	重量、引力,用于约束在空间浏览时的移动受重力影响,不能脱离地面

续表

按　　钮	功　　能
Float	漂浮,用于约定在空间浏览时的移动不受重力影响,可以脱离地面
Straighten	使平直,用于使垂直或水平方向上的旋转或倾斜变为平直
Help	Cosmo Player 的系统帮助
Preferences	Cosmo Player 的参数选项设置
Change Controls	用于在运动行走(Movement)/审视观察(Examine)两种模式间切换
Zoom	拉近或推远观察视点
Rolate	旋转观察视点
Pan	用于使当前视点的位置分别向上、下、左、右 4 个方向的移动

2. Microsoft VRML 2.0 浏览器

Microsoft VRML2.0 是 Windows 光盘上自带的 VRML 插件,其渲染效果一般,但可操作性好,适合于偶尔浏览的用户。该浏览器无须下载,只要在 Windows 系统的"开始"菜单中选择"设置"→"控制面板"→"添加/删除程序"→"Windows 安装程序"→"Internet 工具"→"详细资料"→"Microsoft VRML2.0 浏览器"命令后安装即可。

3. 其他浏览器

自 1999 年以来,很多厂家纷纷推出了附带扩展功能的 VRML 浏览器。例如 Superscape 公司的 SVR 浏览器插件(兼容 VRML97),Sony 公司的 Community Place,以及 Dimesion X 公司的 Liquid Reality 等。其中,Blaxxun 公司推出的浏览器 Blaxxun Contact,在各项性能指标上都十分出众。它全面支持 VRML97、最先支持 NURBS 和 UM,渲染速度名列第一。而 ParallelGraphics 公司的 Cortona,除了能很好地支持 VRML97、NURBS 外,还提供诸如键盘输入、拖放控制以及 Flash 等多种规格的扩展功能。该浏览器短小精干(只有 1862KB),操作简便,渲染效果也较好。[①]

5.4　VRML 程序的优化

在创建复杂的 VRML 场景时,除了创建大量的模型外,还必须考虑在网络上的传输问题。文件的容量等直接关系到服务器和客户浏览器之间的传输时间及文件在浏览器上的载入时间。如果这段时间过长,浏览者将无法忍受。同时,渲染的速度也直接影响浏览者浏览的速度,速度过低将使场景失去真实感。

5.4.1　文件容量的优化

VRML 文件的大小在两方面影响到场景:一方面是服务器与浏览器之间的传输时间,如果速度过慢,这是让人难以忍受的;另一方面 VRML 文件的大小也直接影响到将场景载入浏览器。所以在创建场景的同时必须要考虑对场景的优化。

常见对 VRML 文件容量的优化方法如下。

1. 利用 DEF、USE 和 PROTO 对实例进行重用

在场景中经常有部分节点有着相同或相近的特点,比如沿着公路的路灯,它们的外形是相同的,仅有位置上的区别,可以对一个包括路灯的造型的 shape 节点命名,如 DEF light Shape{…},再利用 Transform{…USE light…}多次对 light 引用。

与 DEF、USE 相比,PROTO 的使用更需要对场景进行组织,

---

①　申蔚,曾文琪.虚拟现实技术.北京:清华大学出版社,2009:49—53

在场景中存在一些节点,它们有相同的功能,但有一些属性上的区别,如颜色、纹理等,这时便可通过原型设计来优化。

2. 消除空白间隔

因为 VRML 文件是按文本方式保存的,也就是说所有的空行、空格都被保存下来,这样便增加了文件的长度,所以一些不必要的空格应该删除。但并不是所有的空格都应删除,空格能保证文件的可读性。当然,必要的注释还是应该保留的。

3. 数据的优化

当场景达到一定的规模,其间的数据量是相当可观的,数据的存储与运算也变得十分繁重,因此有必要对数据进行优化。一种方法是对数据取整。可以认为一个数据在取整后误差小于百分之一,那么它不会影响到场景的效果。另一种方法是对数据固定精度,多余的部分将被删除。精度的确定取决于场景与模型本身,以不影响效果为准。数据的优化在使用导入模型时显得非常重要,一般的导入工具经常产生过高的精度,使数据过于庞大,像0.000000013970939228 这种数据许多时候都可以用 0 来代替。

4. 对 VRML 文件进行 gzip 格式压缩

VRML 浏览器通常都支持 *.wrz 格式的文件,这种文件即表示是采用了 gzip 格式压缩的。一般压缩比可以达到 6~10 倍,VrmlPad 中就集成了 gzip 压缩功能。在打开"保存文件对话框"时勾选"是否以压缩格式进行保存"的选项进行压缩保存。

5.4.2　提高渲染速度

在网络浏览一个复杂的 VRML 场景时,随着里面景物的增多,一般来说会感到浏览的速度减慢,太慢时甚至会影响场景的真实性与交互性。当浏览者通过浏览器每秒看到的帧数少于 10 帧，就会觉得不自然。所以必须提高场景的渲染速度。

除了从硬件上提高计算机 CPU 速度、增加内存、选择好的显卡等方法外，也可以通过以下方法的应用，在不损失效果的同时，提高渲染的速度。

1. 减少多边形的数目

在构造模型时，其构成的多边形数目越多其真实感也就越强，但不能无限制地增加多边形的数目，当多边形数目过大，超过计算机的运算能力，浏览器的画面将会停滞。所以在创建模型时，必须在保证必要精度时，尽可能减少模型的多边形数目。选择模型的构成节点时，尽量用 Box、sphere、Cone 等这些规则几何节点。使用 IndexedFaceSet、IndexedLineSet、Extrusion 这些复杂节点时，应尽量减少顶点个数。可利用向量来改善显示效果。对于一些细节可通过用纹理来替代。

2. 注意光源的使用

要避免使用过多的光源，以提高渲染速度。一般来说，DirectionLight 不要超过 8 个，PointLight、SpotLight 不要多于 3 个。光源的作用范围也要进行控制，如在 Transform 内部的光源就只对内部的几何节点产生效果。如果只对个别物体产生光照，避免使用全局光源，尽量使用局部光源。对于 PointLight 和 SpotLight 来说，可以减小光源的作用范围来减少运算量。

3. 优化细节层次

为了产生更加真实的效果，设计者在场景中经常要使用一些复杂的几何模型，它们通常都是由大量的多边形组成。但复杂的几何模型会使浏览器的运算量急剧增加，整个场景都因此变慢。为了解决这个问题，VRML 中引入了对细节的层次控制。

　　由于模型的细节只有在观察者接近时才能感觉到,超出一定范围,模型的细节便被观察者的眼睛所忽略掉了。根据这一原理,在创建模型时,可以创建不同分辨率的模型,应用于观察者处在不同的距离上观察。随着观察者的位置改变,用不同分辨率的模型进行显示。一般可分为 3 种细节:在距离最远时使用低分辨率模型,它只具有模型的基本特征;再往近处走到一定距离便使用低分辨率模型,它使用简单几何体代替复杂的细节;当观察者近距离观察时,则使用高分辨率的模型,可以看到模型的全部细节。

4.充分利用纹理

　　几何体要产生逼真的效果,很大程度上依赖于纹理的使用,因此在一个场景中通常会用到多处纹理。但如果纹理使用不当,也会给系统带来很大的负担。

　　(1)尽可能使用简化纹理、使用单元素纹理

　　单元素纹理只有亮度的影响,oxFF 表示亮度最大,ox00 表示全黑。通过单元素纹理与 Material 中的 difuseColor 配合使用,能产生很好的效果,同时因为是单元素纹理,浏览器处理起来很快。

　　同时,尽可能使用小块的纹理。纹理是可以不断延伸与重复的,所以尽量使用小一点的纹理图。如创建一块草地,最好的方法是采用很小的一块纹理图,再通过在各个方向上重复多次便可铺满整个地面,这与使用一个大纹理图产生的效果是一样的。

　　(2)使用纹理代替几何体

　　通常需要用大量多边形才能将物体的细节表现出来。比如一栋大楼,有门、阳台、窗户,如果使用多边形来完成那将是巨大的工程。如果这栋大楼在整个场景中只是作为背景,那就造成了极大的浪费。达到同样的效果完全可以通过对一个几何体添加纹理来实现。

5.分块处理

将一个场景进行合理的规划,使浏览器渲染的时候分为几部分渲染同样可以加速渲染。浏览器利用 Group、Transform 来管理分组的节点。每一个 Transform 节点和 Group 节点都有一个域用于描述包围盒(box),包围盒内是包围其内部所有几何体的一个立方体。浏览器通过 Viewpoint 计算,再与各个包围盒的大小和位置进行比较,得出当前应该显示的包围盒。那些不在视野范围内的节点组将被浏览器忽略掉。

对那些必须在同一时刻显示的节点,将它们分为一组,其他关联不大的节点单独分开,这样浏览器便可以最优的方式显示当前节点。一般来说,一个节点组内不应该包括过大场景的内容,那将导致浏览器一次显示过多内容。

6.优化碰撞

为了防止浏览者的视野进入到几何体中,浏览器利用碰撞检查监测浏览者的状态。但是,在一个复杂的场景中碰撞检查将占用大量资源。

(1)关闭碰撞检查

在默认的情况下,碰撞检测是打开的。对于用户没有可能接触到的几何节点可以关闭碰撞检查。如浏览者的浏览方式被定为 EXAMINE 时,可以将场景中物体的碰撞检查关闭。浏览方式为 WALK 时,浏览者不能离开地面,对于位置较高的物体也应该关闭碰撞检查。

要关闭一个几何节点的碰撞检查,可以将几何节点放入 Collision 的 children 域中,将 collide 设为 FALSE 即可。

(2)使用碰撞代理

在必须保留碰撞检查的情况下,可以对复杂的节点使用碰撞代理。直接的碰撞检查是依据几何体的外形进行的,如果几何体过于复杂,像 IndexedFaeeSet 创建的节点,碰撞检查的效率将变得很低。碰撞代理利用一个简单的几何体,如 Box、Sphere 作为碰撞检查的边界。利用碰撞代理作碰撞检查要快得多。使用碰撞代理只要在 proxy 域中指定一个能将 children 域中所有的节点包围的简单几何体便可。

7.有效使用脚本

灵活应用脚本也可用于优化场景。对于场景中的复杂效果,如声音、电影纹理、复杂的光照都可使用 Script 节点来控制,只有当浏览者进入可以感受到这些效果的地方再触发它们,在距离较远或感受不到的位置就不需要打开这些效果。

在脚本中,尽量把 ROUTE 设置在场景层次内的最底层,这样浏览器便可优化那些不做变化的节点。[①]

5.5　X3D

5.5.1　X3D 概述

X3D 是一种无须任何授权费用的开放标准的 Web3D 文件格式以及运行时的架构,它使用 XML 来描述与交换 3D 场景和对象。它是一套通过了 ISO 认证的标准,为应用程序中嵌入实时图形内容提供存储、恢复及回放的系统,在一种开放式架构中支持各个应用领域与各种用户。

X3D 具有一整套丰富的组件化特性,能胜任工程、科学可视

①　胡小强.虚拟现实技术与应用.北京:北京邮电大学出版社,2009:324—327

化、CAD 与建筑、医学可视化、培训与仿真、多媒体、娱乐、教育以及更多的任务。

1. X3D 的特性

X3D 整合了 XML,这是与以下内容整合的关键。

①Web Services。分布式网络,跨平台、跨应用程序的文件与数据交换。

②组件化。允许轻量级的 3D 运行时的核心引擎。

③可扩展性。允许为市场应用程序和服务添加组件以便扩展功能。

④重塑能力。标准化的扩展套件,以满足特定的应用需求。

⑤渐进的。易于更新同时保留 VRML 97 内容到 X3D 中。为网络/嵌入式应用准备,从移动电话到超级计算机。

⑥实时性。图形是高质量的、实时的、交互式的,并且 3D 数据中包含音频和视频。

⑦良好定义性。使得构建一致的、一贯的以及无 Bug 的实现更简单。

2. X3D 支持功能

①3D 图形及可编程渲染。多面体、参数化几何体、多层次变换、灯光、材质、多通道/多级纹理映射、像素与顶点渲染及硬件加速。

②2D 图形。空间化的文本;2D 矢量图形;2D/3D 混合。

③CAD 数据。CAD 数据转换为一种开放的格式,供发布和交互式媒体使用。

④动画。利用计时器及插补器来驱动连续性动画;仿人体动画与变形。

⑤空间化的音频与视频。可视化的声源映射到场景中的几何体上。

⑥用户交互性。基于鼠标的拾取与拖拽;键盘输入。

⑦导航。摄像头;用户在 3D 场景中的移动;碰撞检测,靠近与可见性检测。

⑧用户定义的对象。可以通过创建用户自定义的数据类型来扩展浏览器内置功能。

⑨脚本。可以通过编程语言和脚本语言动态改变场景。

⑩网络。能够整合单一 X3D 场景和网络上 X3D 场景的资源;通过超链接的方式将对象链接到其他场景或 WWW 上其他资源。

⑪物理仿真与实时通信。仿人体动画;空间地理信息数据;与分布式交互仿真(DIS)协议整合。

3. X3D Profile 与一致性概述

X3D 的模块式架构使得可以有各种层次的 Profile(应用轮廓),可以提供增强虚拟环境沉浸性及加强交互能力,或者专注于市场应用中——由模块化功能(组件)组成的小的可下载的占更小空间——数据的交换格式。以便易于被应用程序和内容开发者理解和实现。

基于组件的架构支持创建各种不同的能够单独支持的 Profile。通过这种机制,X3D 规范中的一些开发可以很快活跃起来,因为一个领域的开发不会拖慢整个 X3D 规范的进度。重要的是,对内容的一致性要求保证了声明(Profile)组件和级别这些必须项不会出现歧义。

4. 基本的 X3D Profile

Interchange 是应用程序间通信的最基本的级别声明。它支持几何体、纹理、基本的灯光和动画。其中运行时没有模型被渲染,使得它非常容易整合到任何应用程序中。其关系图如图 5-4所示。

Interactive 通过加入各种传感器节点,实现用户导航和交互,

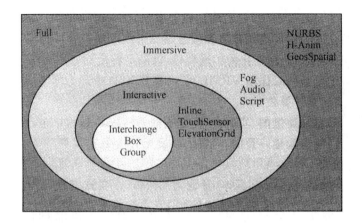

图 5-4　Profile 关系图

如 PlanseSensor、TouchSensor,加强的计时器和灯光,使得 3D 环境具有一些基本的交互能力。

Immersive 具有完整的 3D 图形和交互能力,包括音频支持、碰撞检测、雾和脚本。

Full 是所有定义的节点,包括 NURBS、H-Anim 和地理组件。

5.5.2　X3D 的基本语法

例 5-1 一个基本的"Hello,World!"程序。

```
<? xml version="1.0"encoding="UTF-8"? >
<! DOCTYPE X3D PUBLIC"ISO//web3D//DTD X3D 3.0//EN"
"http://WWW. web3d. org/specifications/x3d-3. 0. dtd">
<X3D profile="Immersive"version="3. 0"xmlns:xsd="http://www. w3. org/2001/XMLSchema-instance"
xsd:noNamespaceSchemaLocation="http://www. web3d. org/specifications/x3d-3. 2. xsd">
<head>
```

```
<meta name='title'content='Helloworld. x3d'/>
<meta name='description'content='simple x3D example'/>
</head>
<Scene>
<! --Example scene to illustrate X3D nodes and fields
(XML elements and attributes)-->
<Group>
<Viewpoint centerOfRotation='0-1 0'description='Hello
world! 'position='0-1 7'retainUserOffsets='FALSE'/>
<Transform rotation='0 1 0 3'>
<Shape>
<Sphere/>
<Appearance>
<Material diffuseColor='0 0.5 1'/>
<ImageTexture url=' "earth-topo. png" "earth-topo. jpg" "
earth-topo-small. gif" '/>
      </Appearance>
   </Shape>
   </Transform>
   <Transform translation='0-2 0'>
   <Shape>
      <Text solid='FALSE' string=' "Hello" "world! " '>
         <Fontstyle justify=' "MIDDLE" "MIDDLE" '/>
      </Text>
      <Appearance>
         <Material diffuseColor='0. 1 0. 5 1'/>
      </Appearance>
   </shape>
   </Transform>
```

```
</Group>
</Scene>
</X3D>
```

效果如图 5-5 所示。

图 5-5 X3D 运行效果图

5.5.3 X3D 的浏览器与编辑工具

本章前面对 VRML 浏览器的描述中包含了对 X3D 支持情况的介绍。X3D 采用 XML 格式,这使得几乎所有 CAD 软件、仿真软件、三维建模软件等都可以轻易地支持 X3D 格式输出,尽管目前这些软件对 X3D 格式还不是那么普遍。

从广义来说,所有支持 X3D 场景处理的软件都可以称为 X3D 编辑工具,如 3DS Max、Maya、Blender 等都已经较好支持 X3D 格式的模型导出。对于复杂场景和动画的制作,很大程度上将依赖这类专业的建模软件,因为 X3D 从本质上来说只是一种数据格式,它不直接提供相应的数据生成解决方案。

专门的 X3D 编辑工具一般是指能提供从场景建模到动画制作、交互实现整套环境的软件。本书将简要介绍用于 X3D 学习的两款工具。

1. X3D-Edit v3.1

X3D-Edit v3.1 有如下功能特点。

①直观的图形化的场景结构。

②支持 DTD/XSD 有效性验证，从而保证建立语义上符合 X3D 规范的场景图文件。

③可以转换 X3D 场景到 VRML 格式，以浏览结果。

④VRML97 文件的导入与转换。

⑤智能语义环境提示，辅助快速开发。

⑥每个元素和属性的弹出式工具提示（ToolTip），帮助了解 VRML/X3D 场景图如何建立和运作，已支持中文。

⑦支持 XSLT，使用扩展样式表（XSL）自动转换：X3dToVrml97. xsl（VRML 97 向后兼容性）、X3dToHtml. xsl（标签集打印样式）、X3dWrap. xsl/X3dUnwrap. xsl（包裹标签的附加/移除）。

⑧使用标签和图标打印场景图正文。

X3D-Edit 3.1 基于 IBM 的 Xeena 1.2，原版本配置比较麻烦，限制了其使用。X3D-Edit 3.1 的工作界面如图 5-6 所示。

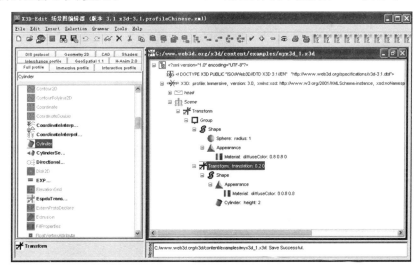

图 5-6　X3D-Edit v3.1 工作界面

说明：运行该软件需要安装 JDK1.4 以上版本，且软件所在目录中不能含有中文字符，否则会出现错误。

2. X3D-Edit 3.2

该版本虽然仍叫作 X3D-Edit，但实际上是完全重写的。它基于 Netbeans 平台，可以作为 Netbeans 插件运行，也可以作为独立软件运行。其工作界面如图 5-7 所示。

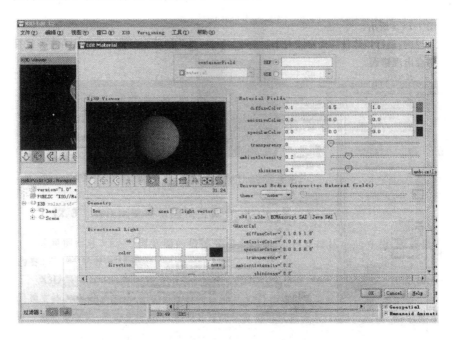

图 5-7　X3D-Edit3.2 工作界面

它是一套完整的 X3D 开发、调试环境，借助 Netbeans 平台的强大功能，实现了智能源代码编辑、有效性验证、图形化场景图结构，可视化节点编辑、实时预览（集成 Xj3D）、支持传统 VRML 与二进制编译、使用 XML 安全标准加密与数字签名验证。

运行该软件需要 JDK 1.5 及以上环境。

5.5.4　X3D-VRML 格式转换

尽管 X3D 兼容传统 VRML 编码格式,但很多时候 VRML 97 格式的文件需要升级到 XML 编码格式以获得更多软件的支持。X3D-Edit 中集成了一个 VRML 97 到 X3D 格式的转换工具 Vrml97ToX3dNist。在 X3D-Edit 中选择"文件"→"导入"→"VRML/ClassicVRML 文件"即可打开转换工具界面。有时使用的浏览器插件尚未支持或未完全支持 X3D,可利用 X3D-Edit 的"导出"菜单输出低版本的格式以获得浏览器支持。①

---

① 　胡小强.虚拟现实技术与应用.北京:北京邮电大学出版社,2009:327－332

第6章 虚拟现实技术在建筑行业中应用及前景分析

自 20 世纪发展到现在,虚拟现实技术不断发展,凭借自身的优势得到了用户的认可。虚拟现实技术的应用领域也在不断扩大,目前在军事、航空、娱乐、医学等方面的应用占据主流,其次在教育、艺术、商业、建筑业、娱乐业等领域也占据相当大的比重。

6.1 虚拟现实技术的应用领域

虚拟现实技术的应用领域非常广泛,下面列举其若干重要应用。

军事、航空、航天部门对虚拟现实技术一直十分重视,并且投入巨额资金用于人员培训、产品设计测试和战略规划等。典型的成果有:SIMNET 虚拟战场、虚拟毒刺导弹训练器、波音飞机虚拟设计系统和宇航员太空训练系统等。

教育、艺术、娱乐等方面的虚拟现实成果更是随处可见,如虚拟教室、虚拟音乐、虚拟博物馆、虚拟画廊、虚拟电影、虚拟游戏等,该方面应用是目前 VR 技术应用最多的领域之一。

医疗方面的应用包括解剖学和病理学教学、外科手术训练、复杂外科手术的规划、手术期间的信息支持、遥控手术等;此外,该项技术可以用于人体康复和改善残疾人生活质量,如"轮椅 VR"使残疾人可以坐在轮椅上漫游世界。

商业中虚拟现实技术的应用有虚拟商场购物、商场装饰的 VR 设计、股票及金融数据可视化等方面。

以上只是粗略介绍了虚拟现实技术在几个方面的重要应用。下面结合实例分析、探讨虚拟现实技术的具体应用，以便于对该项技术的强大功能有更深刻的体会。

6.1.1　教、学、考一体化网络课程平台——以浙江建设职业技术学院为例

浙江省为建筑业大省，其中建筑装饰产值占建筑业总产值的约四分之一，且装饰企业总数已达到 3000 多家，从业人员已达 70 多万人。装饰工程技术专业是浙江建设职业技术学院院级重点建设专业及省级特色专业。多年来为浙江省各类装饰企业提供了大量的优秀毕业生。

建筑类专业校内实训投资大、占地多、不可重复利用，因此在校内不可能体现整个工程场景的再现，因此需考虑虚拟实训。如图 6-1 所示为建筑装饰工程技术专业教学一体化网络课程平台。

（1）平台基本情况

①平台软件针对装饰相关职业岗位进行开发，可输出为单机版或网络版，是为教师教学及学生自主学习的仿真实训软件。

②本平台是由中视典 VRP 虚拟现实平台运用三维虚拟现实技术模拟一个真实的室内装饰实训环境，通过键盘或者鼠标的操作，完全沉浸在真实的装饰实训环境。这是一个比较完善地解决模拟真实实训环境的教学平台，能较好完成室内装饰设计的教学目标与任务。

（2）平台功能

进入平台以后，根据教学需要，点击相应的按钮进行学习。平台不但具有教学课堂问答与反馈功能，还具有对室内进行面积测量、距离测量、场景漫游、场景打印、热点视频教学等丰富的功

图 6-1　建筑装饰工程技术专业教学一体化网络课程平台

能,课件还结合数据库,提供更广泛的室内场景的信息应用。

（3）平台在教学中的具体使用

①基础设计模块。本模块有以下实训任务：

第一,根据三维模型量房,标注尺寸。

第二,CAD 图平面设计。在此模块下面,提供四个工具按钮,分别是 CAD 图纸、三维模型、距离测量及面积测量。四个工具按钮就是为实现两个实训任务而设置。

②装饰材料模块。本模块下有以下实训任务：

第一,参观虚拟样版房,看材料特性。

第二,更换家俱材质,并虚拟拍摄。模块提供"自动虚拟漫游"及"更换材质"工具,点击相应的按钮进行学习。

③施工工艺模块。通过漫游场景中的热点,观看不同部位的施工工艺视频。设置两个按钮,开启播放器并通过漫游寻找自己

感兴趣的热点视频信息。

④计量计价模块。本模块有两个实训任务：

第一,是场景中家俱及装修材料价格查询。

第二,是工程量清单与总价的计算。通过查看平台中的数据库信息,了解每一个场景中内容的价格,并通过系统提供的计算器进行详细的计算。

⑤考试测试模块。本模块分为以下三个部分:课内测试、视频考核及在线考试。分别对应的是平台内部的课内测试题目、基于视频点播平台的视频考核及另外的在线考试平台。

具体的使用操作,见详细操作步骤。

6.1.2 室内装饰三维虚拟实训教学平台

崭新的技术,会带给我们崭新的教育思维,解决了我们以前无法解决的问题,将给我们带来一系列的重要变革！三维虚拟现实技术的普及,是时代发展的必然趋势。信息化教学体现了以"学"为中心的信息教学理论。本软件的开发意在打造以室内装饰为核心的公共教学服务平台。如图 6-2 所示为室内装饰三维虚拟实训教学平台。

图 6-2　室内装饰三维虚拟实训教学平台

（1）平台基本情况

开发平台：中视典 VRP；软件版本：单机版、网络版均可；适用对象：室内设计相关专业师生。

如图 6-3 为 VRP 开发环境，图 6-4 为软件三维漫游界面。

图 6-3   VRP 开发环境

图 6-4   软件三维漫游界面

(2)平台功能

①软件热点触发的视频讲解,如图 6-5 所示。

图 6-5 软件热点触发的视频讲解

②测量功能,如图 6-6 所示。

图 6-6 测量

③数据库信息演示，如图 6-7 所示。

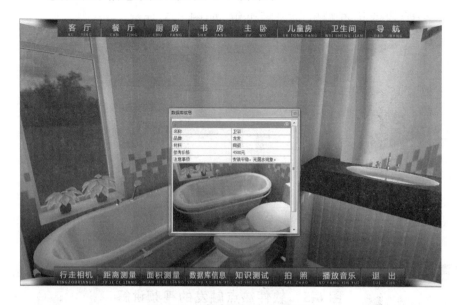

图 6-7　数据库信息演示

④知识测试，如图 6-8 所示。

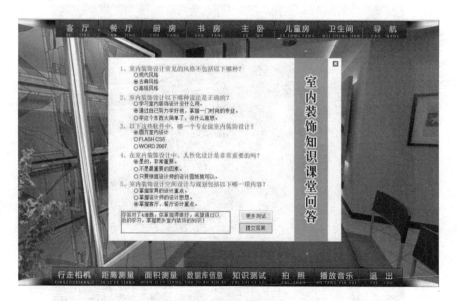

图 6-8　知识测试

⑤拍照功能,如图 6-9 所示。

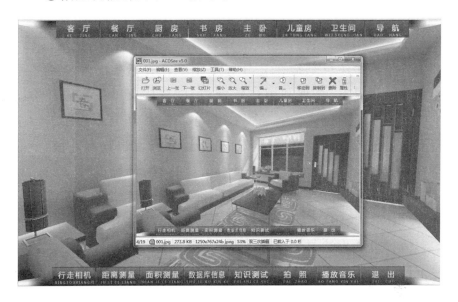

图 6-9 拍照功能

⑥导航功能演示,如图 6-10 所示。

图 6-10 导航功能演示

6.1.3 建筑的节能环保设计[①]

节能环保建筑是指在充分尊重和维护自然生态环境持续发展能力的前提下,合理利用自然资源,创造健康舒适室内环境的建筑。专业级的建筑节能环保技术可以在对建筑的特性进行全面模拟和分析的基础上,对建筑的能量消耗、室内物理环境、节能技术、建筑材料的选用、保温设计、窗墙化、风环境设计、采光、日照、遮阳、噪声与污染、绿化、空调与通风系统等诸多方面进行分析,模拟出结果,然后将该结果用于设计中。

情景设计方法是建筑设计中经常使用到的一种方法。如今建筑设计者所使用的虚拟仿真软件很多,这里利用建筑师经常使用的 3d Max 建模软件,来初步实现节能环保建筑的部分设计要求。

1.建筑水环境的节能环保设计

水循环的概念,更加符合水在自然界中的大循环,经处理后的水可用于工业、市政、农业以及地面、地下等多种用途。在水循环系统中需要泵类设备的使用,水位的适量高差是良好水循环的前提,这方面的设计如果只靠感觉是很难做好的,可能会导致设计上的失误,无法完成正常循环过程,或者成本及能源上的重大损失。

在 3d Max 建立模型之后,可以快速建立起较为经济易用的仿真模拟环境。结合 3d Max 中的物体重力系统,把其属性加载到水物质上,使用 reactor[②] 的"Water"对象模拟水面的行为,图 6-

---

① 赵筱斌.节能环保建筑虚拟现实技术辅助设计初探.今日科技,2008(12)

② 3ds max 的一个插件,它使设计师能够轻松地控制并模拟复杂物理场景。reactor 支持完全整合的刚体和软体动力学、布料模拟以及流体模拟。它可以模拟枢连物体的约束和关节,还可以模拟诸如风和马达之类的物理行为。

11 所示。

图 6-11　reactor 的"Water"对象

通过物理上逼真的方式与水交互作用,产生波浪和涟漪。reactor 可以使用对象的质量和大小计算其落入水中时的浮力值,还可以根据水的不同种类,更改水对象的密度,影响水的流动准状态,等等。把建成后真实的水循环过程呈现在设计者面前,对设计是一个相当实用的参考。

利用 reactor 的水对象的模拟,我们可以适时对建筑设计中水对象的排放、流速等设置进行论证。不同的生活用水的比重是不一样的,利用 reactor 的参数设置,可以较好地模拟出现实环境中的生活用水或者工业用水的性质,在重力系统的作用下,使用最少的能源推动,把水循环等工作先行一步,真正做到减少能源的建筑水环境。

2.空气环境的节能环保设计

通过虚拟现实技术,我们可以模拟在真实环境中的房间中热空气流动的状态,从而直观地感知在建筑设计过程中可能存在的问题。

使用"Wind"辅助对象（图6-12）可以向reactor场景中添加风效果，例如，可以使窗帘在微风中摆动。将该辅助对象添加到场景中后，可以配置效果的各种属性，例如速度、阵风以及场景中的对象是否可以防风；可以设置大多数参数的动画，辅助对象图标的方向指示风的方向，即沿着风向标箭头的方向吹；还可以通过设置图标方向的动画，来设置此方向的动画。

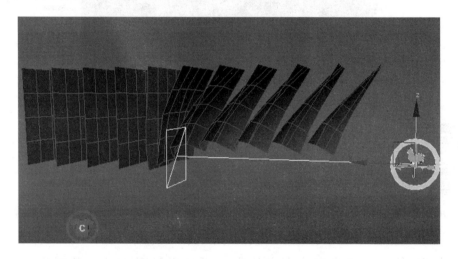

图6-12　reactor的"Wind"对象

关于通风的设计案例，2008北京奥运会运动场馆中，已经在应用了，大家所熟悉的鸟巢通风问题，也是通过计算机来进行模拟得到论证并实施的。"鸟巢"的中方设计师们经过多次论证，借用了流体力学设计中的一种计算机CFD模拟方法，对"鸟巢"的观众席进行了热舒适度、风舒适度的模拟分析实验。它可以精确模拟出"鸟巢"的钢结构和膜结构，模拟出91000人同时观赛时的自然通风状况，并计算出每个区域的观众能感受到的温度和湿度气流速度，在图纸上用不同颜色标示出来。如图6-13所示。

FLUENT通用CFD软件包，用来模拟从不可压缩到高度可压缩范围内的复杂流动。我们这里通过简单的设置，也能基本模拟出不太复杂的通风情况，甚至也可以放置一真实受风物体，通

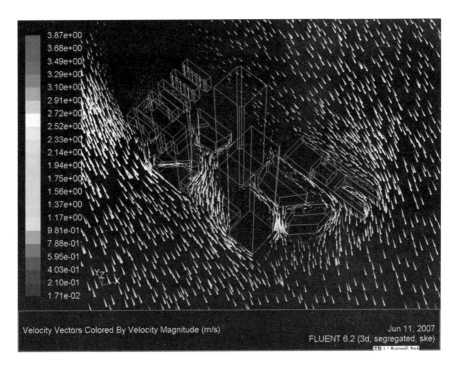

图 6-13　用 FLUENT 实现热环境模拟

过形变感知判断通风情况,从而更好地辅助我们进行设计。过量或不及的设计都是不恰当的。

我们可以方便地利用 3d Max 的粒子系统进行设定,根据热空气的比重情况,及粒子系统的色彩描述、生命周期,从而直观地看到暖气的流动情况,通过风力系统,可以感知是风力不足还是热气供给不足,从而在设计阶段解决在日后会碰到的问题。同样,如果在单位面积内所供给的暖气过量,所呈现的粒子体过多,则是明显的能源浪费,我们可以及时调整空调功率,或者风机的功率,用最适当的设备,避免日后的浪费,真正起到节能环保的效果。

由于不同的空气环境热传导系数也有所区别,因此我们在模拟时,需要注意动态调节这个值。

3.建筑光环境的节能环保设计

在建筑光环境设计方面，建筑节能同样大有可为。例如，天然采光方面，应仔细考虑窗的面积及方位，并可设置反射阳光板或光导管等天然光导入设备；建筑内装修可采用浅色调，增加二次反射光线，通过这些手段保证获得足够的室内光线，并达到一定的均匀度，由此减少白天的人工照明，节省照明能耗，以及因照明设备散热而增加的空调负荷。

节能建筑并非意味着牺牲舒适度，恰恰相反，它要求用现实的手段更方便地实现高舒适度。在建筑光环境的节能设计中，主要是通过仿真模拟现实生活中的灯光类型与亮度值来实现。

表 6-1 是对 3d Max 中光源的色温及色调进行的分析。

表 6-1　光源的色温及色调表

光源	颜色温度	色调
阴天的日光	6000 K	130
中午的太阳光	5000 K	58
白色荧光	4000 K	27
钨/卤元素灯	3300 K	20
白炽灯(100 到 200 W)	2900 K	16
白炽灯（25 W）	2500 K	12
日落或日出时的太阳光	2000 K	7

根据这些数据，我们可以在 3d Max 环境中建立起虚拟的环境灯光。完全模拟真实的灯光设计布置，把相对应的光源放置在设计要求的地方，根据设置灯光的参数，开启灯光效果。然后在模型环境中建立一台摄像机，放置位置与人眼齐平，模拟一个正常人站在光照环境中，通过渲染出的光照效果图，调节设计的灯的强度或者类型，直到符合设计者的要求及客户的要求。

节能建筑在现代设计中强调自然光线的运用，设计师会想到

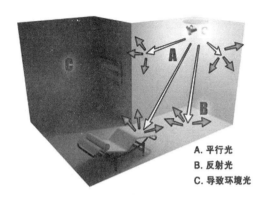

A. 平行光
B. 反射光
C. 导致环境光

图 6-14　光对环境的作用示意图

关闭人工照明系统,前提是要保证正常的生活或工作所需。虚拟技术在这方面能发挥其特殊的功能。我们只要把这个模型建好,根据计划,把所需的各种灯光放置到设定的位置,在环境中建立虚拟摄像机,通过摄像机的各个视点感觉,即模拟真实的光照环境,让人感知仿真效果的途径来对光环境进行设计,对感知不足的地方增加光源或增大光照强度,反之,对存在的照明过强区域,可尽可能地撤去多余光源,减少房屋能耗。

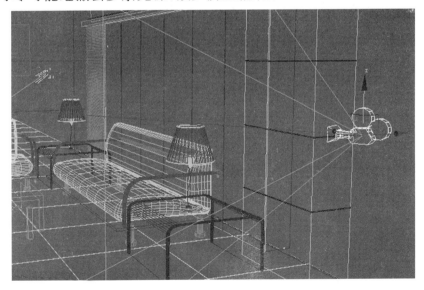

图 6-15　放置光源并建立摄像机

图 6-16　根据仿真效果确定照明修改

复杂多层的自然遮阳、采光和通风系统，几乎已经成为当代大型生态建筑外立面的普遍特征。北京奥运会主场馆鸟巢的照明设计师们为了使自己的设计符合标准，做了大量的计算机模拟分析计算。利用专门的软件进行多次仿真计算和分析，在对不同能耗方案研究过后，选取了从节能角度来讲比较好的方案。如图6-17 所示为通过虚拟仿真技术设计的鸟巢照明。

图 6-17　通过虚拟仿真技术设计的鸟巢照明

6.1.4　数字虚拟校园漫游项目——以浙江建设职业技术学院为例①

随着学校规模的不断扩大,有关学院的各种信息也随之倍增。面对庞大的信息数据量,我们需要有一个学生虚拟校园系统来提高工作效率。传统模式下利用人工进行学生信息管理,存在着较多的问题。尤其是随着学校规模的不断扩大和教学单位自身分工的愈加明确,这些缺点显得更为突出,严重影响了学校的工作效率。

由此想到借助计算机虚拟现实技术开发出一套性价比较高的数字虚拟校园漫游项目。校园虚拟漫游系统在全国各高校多起来,它能够为用户提供充足的信息,具有多种功能,如图6-18所示。

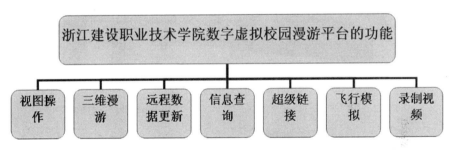

图6-18　校园虚拟漫游系统功能

过程中重要的一步是得到项目场景中经优化的基本模型。例如,如图6-19、图6-20、图6-21分别为行政楼、学院食堂、历史柱廊模型。

① 赵筱斌.浙江建院数字虚拟校园漫游项目设计与开发.科技信息,2012(29)

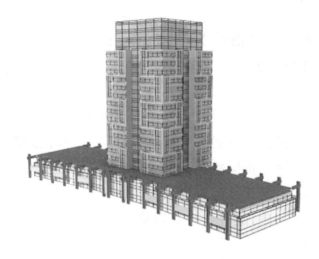

图 6-19　行政楼

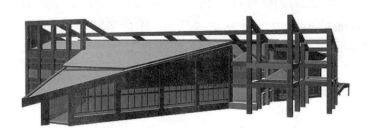

图 6-20　学院食堂

图 6-21　历史柱廊

具体设计过程这里不进行详细介绍,经过一系列过程最终制作完成。网络三维数字校园系统允许多机多用户操作,可通过访问浙江建设职业技术学院虚拟校园网站或直接安装可执行的EXE 文件(图 6-22)进行使用。

图 6-22　浙江建设职业技术学院校园虚拟演示系统

该系统具有以下特点。

(1)功能强大

浙江建设职业技术学院数字校园虚拟演示系统具有视图操作、三维漫游、飞行模拟、查询定位、信息查询、超级链接、录制视频等功能,基本上达到了设计目标。

该系统的导航图界面如图 6-23 所示。

可以通过模型人机交互查询教师信息,如图 6-24 所示。

(2)综合性强

系统充分运用了图形图像处理技术、GIS 技术、三维可视化技术、虚拟仿真技术以及遥感技术,将地理信息、计算机图像信息以及多媒体信息相融合。

(3)应用前景广

浙江建院项目系统界面人性化、集成度高、扩展性好,而且在

图 6-23　浙江建设职业技术学院导航图界面

图 6-24　查询功能

一定程度上平衡了数字校园的真实感、沉浸感、动态构想性、人机交互性与实时性之间的矛盾。此外,其开发成本较低,开发周期短,操作简便,高效实用。

6.1.5　浙江省美丽乡村三维虚拟仿真公共服务平台[①]

建设"美丽乡村"是农民群众的迫切要求,也是城乡统筹发展的需要。与传统二维乡村地图相比,三维数字乡村能更直观真实地反映客观世界。近年来,众多机构都致力于通过不同的方式、利用各种语言或软件构建数字城市。VRP-DIGICITY 就是一款拥有自主知识产权的虚拟现实平台软件,它结合"数字城市"需求特点,针对城市规划与城市管理工作而研发的一款三维数字城市仿真平台软件。该软件是建筑设计、城市规划、城市管理等领域的高效、直观、准确的整套三维辅助工具,是"数字城市"面向三维信息化的首选[②]。

历史上,世界各国都进行了乡村运动,比如韩国新村运动,日本的新乡村运动、"一村一品"运动等,都对乡村的基础建设及科学规划进行了丰富的方案设计,并且取得了明显的成效。我国近年来也进行了相关方面的探索,在取得一定成效的同时,也暴露出"千村一面"等问题,缺乏乡村特色。"美丽乡村"三维虚拟仿真公共服务平台的研发,旨在推进规划信息化水平,让规划更加透明、群众参与度提升,从而提升乡村科学规划的综合能力。

浙江省美丽乡村三维虚拟仿真公共服务平台功能强大,该系统收录乡村建筑物及路牌、路灯等乡村设施在内的乡村部件现状。登陆系统后,使用者如同置身于真实乡村当中,在农居间穿梭游走;可实现乡村基本信息查询、规划情况浏览、距离测量、面积测量等功能,满足决策者对乡村规划功能。不仅能通过互连网

---

① 赵筱斌在研项目,浙江省教育厅科研项目,项目名称:浙江省美丽乡村三维虚拟仿真公共服务平台设计与开发。

② 来源:中视典数字科技。

直观展示美丽乡村风貌,还能通过动态交互产生身临其境的感觉,对乡村规划建设信息化具有重要的现实意义。

系统通过替代传统的实物沙盘模型,更直观、更精确、更大范围地展现规划设计方案,有效地提高规划审批决策科学性。该系统还可扩展到经济、卫生、交通、应急、消防等领域,将为美丽乡村规划建设提供信息化保障。如图 6-25 为浙江省美丽乡村三维虚拟仿真公共服务平台拓扑图。

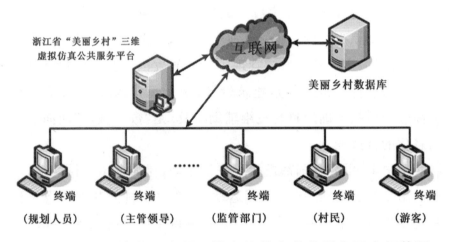

图 6-25　浙江省美丽乡村三维虚拟仿真公共服务平台拓扑图

该项目研究成果专注于虚拟现实与三维可视化技术在数字乡村规划领域中研发和推广,是国际领先的乡村虚拟现实技术解决方案。

在可预期的将来,项目专门针对数字乡村完全自主研发出系统平台,再结合 VRP 相关的数字城市仿真平台(VRP-Digicity)、三维网络平台(VRPIE)、三维仿真系统开发包(VRP-SDK)等,能满足不同数字规划管理领域,不同层次决策者对数字仿真的需求。三维仿真及规划及辅助决策系统是数字城市规划、建设、管理与服务数字化工程的重要组成部分,它综合运用 GIS、遥感、网络、多媒体及虚拟现实仿真等高科技技术,为浙江省美丽乡村数字化提供三维可视化管理和规划辅助决策支持功能。

6.2　虚拟现实技术的发展前景

虚拟现实技术的应用范围实在极其广泛,因此本书不可能一一列举它的所有应用。由于虚拟现实的发展受到技术发展的各种约束,目前仍有许多领域有待于进一步的研究、开发,感兴趣的读者可以查阅相关文献进行探究、学习。

尽管对于 VR 构建的虚拟世界目前尚存在很多心理、生理和社会问题,但是 VR 的巨大作用也是不可否认的,虚拟现实是一个充满活力的高新技术领域,相信随着计算机技术、仿真技术、人工智能技术等多个交叉学科的不断发展,虚拟现实能够将面临的问题一一解决,并像更加成熟的方向发展。

虚拟现实技术具有极好的发展前景。在 21 世纪,它将带领人们进入虚拟现实的科技新时代,并将成为信息技术的代表。

参考文献

[1]高飞.虚拟现实应用系统设计与开发.北京:清华大学出版社,2012

[2]洪炳镕.虚拟现实及其应用.北京:国防工业出版社,2005

[3]胡小强.虚拟现实技术基础与应用.北京:北京邮电大学出版社,2009

[4]刘光然.虚拟现实技术.北京:清华大学出版社,2011

[5]马永峰,薛亚婷,南宏师.虚拟现实技术及应用.北京:中国铁道出版社,2011

[6]陈怀友,张天驰,张菁.虚拟现实技术.北京:清华大学出版社,2012

[7]李勋祥.虚拟现实技术与艺术.武汉:武汉理工大学出版社,2007

[8]汤跃明.虚拟现实技术在教育中的应用.北京:科学出版社,2007

[9]张菁等.虚拟现实技术及应用.北京:清华大学出版社,2011

[10]庄春华,王普.虚拟现实及其应用.北京:电子工业出版社,2010

[11]贺雪晨.虚拟现实技术应用教程.北京:清华大学出版社,2012

[12]申蔚.虚拟现实技术.北京:清华大学出版社,2009

[13]张涛.多媒体技术与虚拟现实.北京:清华大学出版社,2008

[14]陈定方.虚拟设计(第2版).北京:机械工业出版社,2007

[15]赵筱斌.节能环保建筑虚拟现实技术辅助设计初探.今日科技,2008(12)

[16]赵筱斌.浙江建院数字虚拟校园漫游项目设计与开发.科技信息,2012(29)